住房城乡建设部土建类学科专业『十三五』规划教材
全国住房和城乡建设职业教育教学指导委员会
建筑与规划类专业指导委员会规划推荐教材

十三五

城市家具与陈设

（建筑与规划类专业适用）

本教材编审委员会组织编写

孙耀龙　主编

黄　芳
刘万彬　副主编

季　翔　主审

中国建筑工业出版社

图书在版编目（CIP）数据

城市家具与陈设：建筑与规划类专业适用/孙耀龙主编 .—北京：中国建筑工业出版社，2019.7
住房城乡建设部土建类学科专业"十三五"规划教材　全国住房和城乡建设职业教育教学指导委员会建筑与规划类专业指导委员会规划推荐教材
ISBN 978-7-112-24030-2

Ⅰ.①城… Ⅱ.①孙… Ⅲ.①家具－设计－高等职业教育－教材
Ⅳ.① TS664.01

中国版本图书馆CIP数据核字（2019）第165418号

　　本教材为住房城乡建设部土建类学科专业"十三五"规划教材、全国住房和城乡建设职业教育教学指导委员会建筑与规划类专业指导委员会规划推荐教材。教材共分为八个学习模块，每一个模块都设定了教学目的、所需课时、自学学时、推荐读物、重点知识、难点知识等，还有针对性的训练作业，同时附上作业内容、要求与评分标准，共十个作业。教材案例、图片丰富，实用性强。本教材可作为环境艺术设计、建筑室内设计等建筑类专业教材，也可为相关从业人员提供参考。

　　为更好地支持本课程的教学，我们向使用本书的教师免费提供教学课件，有需要者请与出版社联系，邮箱：cabp_gzsj@163.com。

责任编辑：杨　虹　尤凯曦
责任校对：李欣慰

住房城乡建设部土建类学科专业"十三五"规划教材
全国住房和城乡建设职业教育教学指导委员会建筑与规划类专业指导委员会规划推荐教材

城市家具与陈设
（建筑与规划类专业适用）
本教材编审委员会组织编写
孙耀龙　主　编
黄　芳　刘万彬　副主编
季　翔　主　审
*
中国建筑工业出版社出版、发行（北京海淀三里河路9号）

各地新华书店、建筑书店经销
北京雅盈中佳图文设计公司制版
北京京华铭诚工贸有限公司印刷
*
开本：787×1092毫米　1/16　印张：15$\frac{1}{2}$　字数：392千字
2019年8月第一版　2019年8月第一次印刷
定价：**76.00元**（赠课件）
ISBN 978-7-112-24030-2
（28273）

编审委员会名单

主　任：季　翔
副主任：朱向军　周兴元
委　员（按姓氏笔画为序）：

王　伟　甘翔云　冯美宇　吕文明　朱迎迎
任雁飞　刘艳芳　刘超英　李　进　李　宏
李君宏　李晓琳　杨青山　吴国雄　陈卫华
周培元　赵建民　钟　建　徐哲民　高　卿
黄立营　黄春波　鲁　毅　解万玉

前　言

　　家具作为人类生活中"衣、食、住"所必需的物质器具，始终伴随着人类社会而存在，它在满足人体的生理结构和行为尺度的基础上不断发展变化，为人们生活、学习、工作提供了舒适、方便。同时自身也在不断地创造着美的视觉艺术形态。

　　广义的家具是指人类维持正常生活、从事生产实践和开展社会活动必不可少的一类器具。狭义的家具是指在生活、工作或社会实践中供人们坐、卧或支撑与贮存物品的一类器具与设备。家具不仅是一种简单的功能物质产品，而且是一种广为普及的大众艺术，它既要满足某些特定的用途，又要满足供人们观赏，使人在接触和使用过程中产生某种审美快感和引发丰富联想的精神需求。

　　本书依据"高职高专土建类教学指导委员会"编制的 《高等职业教育环境艺术设计专业教学基本要求》展开。本书共分为八个学习模块，每一个模块都设定了教学目的、所需课时、自学学时、推荐读物、重点知识、难点知识等，每一个模块还有针对性的训练作业，同时附上作业内容、要求与评分标准。模块之间存在着一定的前后关系，但从教学工作的实际出发，这些模块之间的关系可以再调整和再组，每个模块所对应的一个或多个训练作业也可以有选择地使用。全书有十个训练作业，这些作业可以全部进行，也可以部分进行，还可以部分课内与部分课外相结合，只要是有助于学生专业思维能力、动手能力的培养即可。

　　本书由上海城建职业学院孙耀龙老师主编，南宁职业技术学院黄芳老师、四川建筑职业技术学院刘万彬老师为副主编，四川建筑职业技术学院谢晓影、李晨、埃瑞弗（上海）规划设计工程咨询股份有限公司鲍承业参编，江苏建筑职业技术学院季翔教授主审，具体章节编写分工如下：模块一～模块五由孙耀龙、黄芳、鲍承业负责编写，模块六～模块八四章由刘万彬、谢晓影、李晨负责编写。

　　在本书的策划和编写过程中，得到了江苏建筑职业技术学院季翔教授、中国建筑工业出版社编辑出版的老师们、埃瑞弗（上海）规划设计工程咨询股份有限公司鲍承业总经理等的指导和帮助，在此表示衷心的感谢。

　　在本书的编写过程中，华东师范大学王纯同学参与了图片的制作、文字编辑整理等工作，在此一并表示感谢。

　　因编者水平所限，书中的疏漏及不当之处在所难免，敬请读者批评指正。

编者

目　录

城市家具与陈设

1

模块一　城市家具

教学目的：

1. 了解城市家具的定义、功能。

2. 熟悉城市家具的类别。

3. 掌握城市家具在环境中的应用。

所需课时：

8 ～ 12

自学学时：

8 ～ 12

推荐读物：

1. 鲍诗度，王淮梁，孙明华，等 . 城市家具系统设计 [M]. 北京：中国建筑工业出版，2000.

2. 王今琪，刘丹丹，等 . 景观细部设计系列：室外家具小品 [M]. 北京：机械工业出版社，2012.

3.（日）画报社编辑部 . 日本景观设计系列 [M]. 唐建，等译 . 沈阳：辽宁科学技术出版社，2003.

4.（日）画报社编辑部 . 街道家具 [M]. 唐建，等译 . 辽宁科学技术出版社，2006.

5. 杨子葆 .[空间景观 · 公共艺术] 街道家具与城市美学 [M]. 台北：艺术家出版社，2005.

重点知识：

城市家具的分类。

难点知识：

城市家具的设计与应用。

1.1 城市家具概述

1.1.1 城市家具的定义

城市家具"Street Furniture"是指城市中各种户外环境设施，为方便人们健康、舒适、高效的公共性户外活动而设置，又称室外家具、街道家具、景观家具、景观陈设、城市设施等。主要包括大街人行道上设置的邮箱、垃圾箱、电话亭、休闲座椅、公交候车亭、广告牌、照明设施、花坛等。

1.1.2 城市家具的特性

城市家具是城市景观环境的重要组成元素，是支持人城市行为活动的道具，是"人—物—环境"系统中的重要一环，作为人与城市环境的纽带，保证了人与人之间的汇集与交流，反映了城市的地域特征、人文因素等，具有强烈的"公共性"、"交流性"、"地域特征"、"人文特征"。

1.1.3 城市家具的功能

（1）实用的功能。城市家具能满足城市居民的日常活动所需，为人们提供识别、休息、清洁、照明、投递、阅读、引导等使用功能（图1-1～图1-3），有利于营造方便、安全、健康、舒适的城市环境。

图1-1　室外座椅　　　　　图1-2　古典造型路灯　　　　　图1-3　艺术气息的指示牌

（2）审美的功能。城市家具可以丰富城市生活，为普通百姓提供优美、有活力的城市环境，其不仅体现设计师的理念和艺术造诣，还可以培养与提升市民的审美能力（图1-4），是对时代生活的反映和对未来的展望。

（3）传承的功能。城市家具作为一种媒介与载体，凸显城市的个性与气质，不仅可以体现城市的地域特征，还能记忆并传递民族特色、人文精神，从而营造场所精神，提升城市形象，激发市民的认同、共鸣和热爱（图1-5）。

城市家具是实现"城市让生活更美好"的重要手段。

图1-4　城市家具与环境融为一体

图1-5　北京前门拨浪鼓路灯

1.2　城市家具的分类

　　城市家具可以分为照明灯具类、休闲服务类、交通服务类、公共卫生服务类、信息服务类与空间美化类等类别。

1.2.1　照明灯具类

　　（1）作用

　　照明灯具一方面具有非常强的实用性，能够提供各类照明、引导、警示等需求；另一方面又具有非常好的装饰效果，其投射的各类颜色与形状的光线及灯具本身的造型，能柔化、美化环境。

　　（2）分类

　　1）按用途分类

　　景观灯：常见于景观道路、公共建筑外、广场等地方，造型优美，具有强烈的装饰效果。白天不亮灯时其本身造型是一景观，而晚上亮灯后起到装饰和照明的双重作用（图1-6）。

　　路灯：高6～12m，是在道路上设置为在夜间给车辆和行人提供必要能见度的照明设施，造型简捷流畅。能照亮道路及周边环境，有利于提高道路通行能力和保证交通安全（图1-7）。

图1-6　彩色气球式样景观灯

图1-7　路灯

庭院灯:高 2.5 ~ 4m,主要应用于城市道路、小区道路、工业园区、旅游景区、公园庭院、绿化带、广场及亮化装饰。主要以自身为中心照亮周边环境,能够延长人们的户外活动的时间,提高生命财产的安全,同时点缀城市风景(图 1-8)。

草坪灯:高 0.5 ~ 0.8m,作为庭院灯的辅助照明,属于点缀型灯具,常见于草坪、花灌木丛中、步行街、广场等区域。能照亮植物,引导行进路线(图 1-9)。

埋地灯(地埋灯):常见于商场、停车场、绿化带、公园旅游景点、住宅小区、城市雕塑、步行街道、大楼台阶等场所,用来作装饰或指示照明之用。光源向上,通过面盖的不同,调节光线的方向与色彩。例如:在柱子、树木等周边的通常光线向上,而在草地或特定平面方向的光线向四周散射(图 1-10)。

LED 树灯:常缠绕于树木上,发出五彩斑斓的色彩,夜间能形成绚烂的装饰效果(图 1-11)。

水底灯:主要用于水池中,常与喷泉联合使用。光源多采用 LED,有多种颜色,具有很强的观赏性(图 1-12)。

台阶灯(侧壁灯):常常在楼梯台阶、墙根等处使用,小范围的局部照明,夜间使人看见台阶、路等,保证行进的安全(图 1-13)。

图 1-8　庭院灯

图 1-9　草坪灯

图 1-10　埋地灯

图 1-11　LED 树灯

图 1-12　水底灯

壁灯：装在廊柱、大门两边、墙的中部等位置，形式多样，与周围环境协调，白天一景，晚上可照明（图1—14）。

2）按性质分类

投光灯：又称聚光灯。光线投射到特定的部位，突出重点的照明，使被照面上的照度高于周围环境，光源轮廓清晰。主要用于建筑物轮廓、体育场、立交桥、纪念碑、公园和花坛等。智能的投光灯能实现渐变、跳变、色彩闪烁、渐变交替等动态效果（图1—15）。

泛光灯：光线较散，向四面八方均匀照射，属于面光源，能照亮整体场景，其光源轮廓模糊，产生的阴影柔和而透明（图1—16）。

线性灯：光源功率不大，常常成组使用，勾勒体现大型条状光线（图1—17）。

图1—13　道路侧壁灯

图1—14　壁灯

图1—15　投光灯

图1—16　泛光灯

图1—17　线性灯

1.2.2　休闲服务类

指为满足城市生活中休息、娱乐、照明、投递等要求而设置的城市家具，包括座椅、公共邮筒、公用电话亭、公共饮水器、售报亭、公共健身娱乐设施等。

（1）座椅

座椅的设计与选用可以从三方面考虑。

一是形式上。其色彩、造型各异（图1—18），装饰性强，需要考虑与周边环境的协调，如泰国某水上集市走道边一长椅与周围环境完全融为一体（图1—19），又如某公共绿地内座椅与花坛及走道在形式上的融合（图1—20）；其材料丰富，有木、竹、藤、树脂、金属、石制品等（图1—21），需要注意材料的耐久性及当今社会对绿色、环保、可循环利用的追求，如用枯枝藤蔓

（a） （b） （c）

图 1-18　色彩、造型各异的长椅

（a）木状长椅；（b）卷曲式长椅；（c）红色弧形长椅

图 1-19　长椅和岸景融为一体　　　　图 1-20　长椅形成花坛护栏

（a） （b） （c）

图 1-21　各种材料制作的座椅

（a）金属；（b）石质；（c）牛皮纸

编织的凉亭座椅（图 1-22），又如用可降解纸板制成框架撒上草籽待其长成后与草坪浑然一体的绿色座椅（图 1-23）；其结构多样，无论采用哪种结构都要注意其耐久性与坚固度。

　　二是功能上。可供坐、躺等不同姿势的需求（图 1-24），满足休息、交流、阅读等需求，还要考虑与其他城市家具的组合，如与花架结合（图 1-25），又如与花坛结合（图 1-26），进

图 1-22　藤蔓编织家具　　　　图 1-23　可降解纸板草甸座椅　　　　　图 1-24　可躺长椅

一步丰富其功能。

　　三是精神层面。能够体现地域及文化特征（图 1-27），在休闲广场、街头绿地等空间中还可体现一定的娱乐性与趣味性（图 1-28），丰富城市生活。

　　（2）公共邮筒

　　公共邮筒是用来收集外寄信件、明信片等的邮政设施，世界各国、各地区的公共邮筒造型各自不同，其式样与色彩异常丰富（图 1-29，来自中国、西班牙、加拿大、马来西亚的邮筒）。随着现代通信技术的飞速发展，传统纸质信件被更为便捷的数字信息所取代，寄信的人越来越

图 1-25　长椅顶部构成花架　　　　　　　　　图 1-26　座椅花坛结合

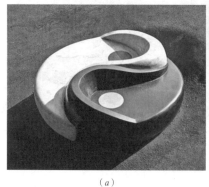

（a）　　　　　　　　　　　　（b）　　　　　　　　　　　　（c）

图 1-27　具地域和文化特征的长椅

（a）太极式座椅；（b）西班牙巴塞罗那奎尔公园的碎瓷片座椅；（c）哥特教堂周边座椅

图 1-28　娱乐和趣味性兼具的长椅
(a) 坐便造型；(b) 天鹅造型；(c) 镂空石头造型；(d) 风扇造型

图 1-29　各国色彩丰富的邮筒
(a) 中国；(b) 西班牙；(c) 加拿大；(d) 马来西亚

少，更多的是用来投递明信片、节日贺卡之类。虽然其使用频率越来越低，但其存在仍旧非常具有意义，它是国家、地区、城市的一种象征物，也是对过去时光的一种纪念物，融入城市的文化、历史、氛围中，成为城市街道的一道风景（图 1-30，来自匈牙利布达佩斯、英国伦敦、荷兰阿姆斯特丹、美国纽约、中国上海新天地的邮筒）。

(3) 公用电话亭

公用电话亭，是许多人抹不掉的记忆，在大街小巷都能见到它的身影，形式多样又各具地方

（a）　　　　　　（b）　　　　　　（c）　　　　　　（d）　　　　　　（e）

图1-30　邮筒成为当地街景

（a）匈牙利布达佩斯；（b）英国伦敦；（c）荷兰阿姆斯特丹；（d）美国纽约；（e）中国上海新天地

特色，美化着城市的环境，如各种动物题材的电话亭（图1-31）。但近年来，随着互联网和通信行业的发展，手机等通信工具逐渐普及，其功能逐渐丧失，沦为网络的基站乃至广告箱。但其所承载的历史、文化与极具地域特色和艺术气息的造型，抹不去人们对它昔日风采的记忆，它仍旧是城市街道边尤其是历史风貌区的一抹亮色，如某江南水乡环境中的电话亭具有粉墙黛瓦、朴素木结构的江南建筑的特征（图1-32），又如家喻户晓的动画片人物辛普森造型电话亭，唤起了人们对童年的美好回忆（图1-33）。设计与选用电话亭时要注意其自身的装饰性、地域性、文化性及与所处环境、氛围的协调性，如绿地中的电话亭宜造型简洁，能与周边环境融在一起（图1-34）。

图1-31　动物题材电话亭

图1-32　江南水乡电话亭　　　　图1-33　辛普森电话亭　　　　图1-34　绿地中的电话亭

（4）公共饮水器

公共饮水器是通过净化过滤系统与手动出水装置提供洁净的凉水供人们饮用的设施。公共饮水器的出现已经有上百年的历史，在国外的城市街道边及公园中随处可见，上海是最早也是最普及使用的城市，称其为"沙滤水"，20世纪20～30年代至90年代初流行于学校、企事业单位及公共场所，近些年来尤其是2010年世博会期间又开始推广使用，其节水、节能减排、低碳的特性在当今及未来社会更有其意义与价值。公共饮水器不仅能解决人们饮水问题，其丰富的造型与色彩同时也美化了环境（图1-35）。当今的公共饮水器越来越人性化，设置不同的高度以满足成人、儿童及残疾人的需要（图1-36），甚至考虑到宠物猫狗的需求（图1-37）。

（5）书摊报亭

虽然数字时代的降临对传统纸质书籍、杂志带来了强烈的冲击，但作为城市文化名片

（a）   （b）

图1-35　丰富造型饮水器美化了环境

（a）融合石雕状；（b）烛台状

图1-36　可满足不同人群需求的饮水器

图1-37　宠物饮水器

(a)　　　　　　　　　　　　　　　　　(b)

(c)　　　　　　　　　　　　　　　　　(d)

图1-38　各国特色书报亭
（a）西班牙马德里；（b）美国芝加哥；（c）意大利罗马；（d）法国巴黎

之一的书摊报亭仍旧展现着别样的风采，其特有的书香味仍旧吸引着市民及远道而来的游客。其设计与选用宜历史感与时代特性并重，避免千篇一律与单调乏味，与其所属的环境与氛围保持一致（图1-38，来自西班牙马德里、美国芝加哥、意大利罗马、法国巴黎的书报亭）。

（6）公共健身娱乐设施

公共健身娱乐设施一般位于城市街头绿地、广场、公园中，包括儿童游乐设施、健身设施、体育活动设施、室外游乐设施等（图1-39），为广大市民提供健身、休闲、公共娱乐等活动，丰富了城市生活，装点了城市环境，满足了人们的生理及心理的需求。近年来极限运动发展快速，城市中出现了越来越多的滑板、小轮车、跑酷、攀岩等运动的专类设施，以满足年轻人的需求，给城市带来了更多的活力与动力（图1-40）。其设计与选用需要更多关注安全、牢固、易于维护保养等需求。如儿童游乐设施需考虑孩子的生理与心理特性，色彩宜鲜艳，尺寸应符合孩子的生理构造，材料需防滑、耐脏、耐磨且触感舒适，容易磕碰的地方应做相应保护措施，安全第一。

(a) (b)

图1-39 公共健身娱乐设施

(a) 儿童游乐设施;(b) 健身设施

图1-40 满足极限运动的专类设施

1.2.3 交通服务类

用于交通指示、组织的设施,包括交通指示灯、交通指示牌、路标、人行天桥、候车亭、路障、自行车停放设施、加油站、无障碍设施等。

(1) 交通指示灯

交通指示灯俗称"红绿灯",用红、黄、绿三色灯号以指示车辆及行人停止、注意与行进,设于交叉路口或其他必要地点。交通指示灯不仅需要为普通人所使用,还需要考虑特殊人群的需求,如色盲和视力有残疾人士。对于色盲人士来说,由于分辨色彩困难就需要用不同的图案来辅助辨识,同时图案自身可以带有趣味性(图1-41)及地域、文化的特征(图1-42,来自柏林、纽约、波哥大、布鲁塞尔、哥本哈根、东京、莫斯科、荷兰的红绿灯)来

(a) (b)

图1-41 趣味交通灯

(a) 表情交通灯;(b) 姿势交通灯

增加视觉吸引力与认同感,从而提高交通指示灯的效率。对于视力残疾人士来说,需辅以音响以指示。随着科学技术的快速发展,交通指示灯的造型与所在位置也有了突破,如位于西班牙格拉纳达安装于地面的指示灯(图1—43),又如位于我国西安的卡通人物样式的指示灯(图1—44)。

　　(2)路障

　　路障即道路上设置的障碍,主要用于阻止机动车辆通行。广泛用于城市交通、军队及国家重要机关大门及周边、步行街、高速公路、收费站、机场、学校、银行、大型会所、停车场等

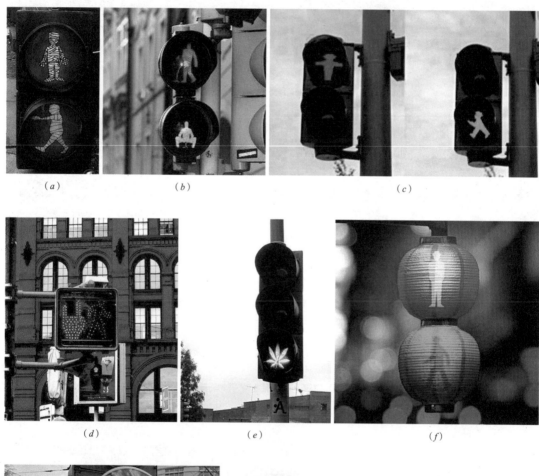

(a)　　　　　　　(b)　　　　　　　(c)

(d)　　　　　　　(e)　　　　　　　(f)

(g)　　　　　　　(h)

图1—42　各国各具特色的交通灯
(a)柏林;(b)纽约;(c)波哥大;
(d)布鲁塞尔;(e)哥本哈根;
(f)东京;(g)莫斯科;(h)荷兰

图1-43 安装于地面的指示灯

图1-44 卡通人物式样

许多场合。通过对过往车辆的限制，有效地保障了交通秩序即主要设施和场所的安全。路障分为固定路障（图1-45）和活动路障（图1-46）。固定路障不仅可以阻止车辆，自身还有一定的装饰性与纪念性（图1-47）。固定路障一旦设置就无法移动，所以存在一定弊端；而活动路障（可升降路障）由于其可升起可降下的灵活性，被越来越广泛地应用。路障还可以与交通信号灯相结合使用，丰富其功能，如美国华盛顿白宫前的路障（图1-48），又如美国纽约华尔街边的路障，华尔街为步行街，因此路障面向华尔街外面对车辆的显示为禁行的红色，而反向面对行人的为绿色（图1-49）。

图1-45 固定路障

图1-46 活动路障

图1-47 为纪念马拉松赛
而设计的路障

图1-48 美国华盛顿白宫前的路障

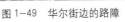

图1-49 华尔街边的路障

(3) 自行车停放设施

　　一方面我国仍旧是世界自行车保有量第一的国家；另一方面低碳生活、环保节能是当今乃至未来世界发展的必然趋势，尤其在城市中选择公共交通与自行车的出行模式越来越为大家所接受、认同并施行，许多城市都建设了为自行车等通行的慢行交通系统；故对室外自行车停放设施的需求越来越大。自行车停放设施不仅能提供车辆各类安全的停放方式，还可以以其各异的造型、丰富的色彩来装点环境，增加活力与艺术气息（图1-50），并且可以与其他城市家具组合提供更多更复合的功能（图1-51）。随着自行车的数量越来越大，停放设施需解决节地的问题，大量立体停放设施随之出现（图1-52）。

图1-50　艺术造型自行车停放设施

图1-51　座椅加自行车停放设施（左）
图1-52　立体停放设施（右）

(4) 候车亭

候车亭是城市公共交通系统中的重要一环。通常有盖，竖有一站牌，显示途经路线，亦有路线资料表，设施齐全的公交站可能有车站建筑物、售票处、公厕、电子显示板显示下一班车到达时间，甚至杂货店、商场、旅馆、停车场等。除了满足功能需要外，其形式多姿多彩，有些俏皮可爱（图1-53），有些时尚简约（图1-54），有些豪华舒适（图1-55），有些富有地域特征（图1-56），有些具有艺术气息（图1-57），有些与广告相结合带来感官上的冲击（图1-58）。

图1-53 俏皮可爱的候车亭

图1-54 时尚简约的候车亭　　　图1-55 豪华舒适的候车亭　　　图1-56 富有地域特征的候车亭

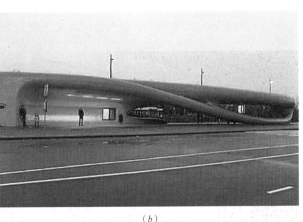

（a）　　　　　　　　　　　　　　　　　　　　　（b）

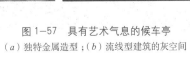

图1-57 具有艺术气息的候车亭

（a）独特金属造型；（b）流线型建筑的灰空间

图 1-58 与广告相结合的候车亭
（a）可口可乐广告；（b）麦当劳广告；（c）洋酒广告；（d）酸奶广告；（e）宜家广告

（5）人行过街天桥

人行过街天桥是现代化都市中协助行人从道路上空穿过的一种建筑，使穿越道路的行人和道路上的车辆实现完全的分离，保证交通的通畅和行人的安全。最常见的人行过街天桥是跨越街道或公路的（图 1-59），也有跨越铁路、轻轨的过街天桥（图 1-60），另外还有一些过街天桥修建在立体交叉路口，与建筑融为一体。如上海河南路复兴路口的环形天桥、广州的过街天桥、上海陆家嘴环形天桥（图 1-61），将各个过街天桥用廊道连接在一起，形成了一个四通八达的空中人行交通网，其独特的造型使其成为某区域乃至城市的象征。

图 1-59 人行过街天桥

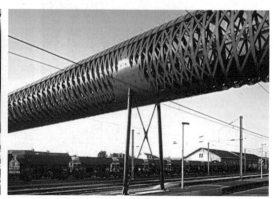

图 1-60 跨越铁路的过街天桥

（a）

（b）

（c）

（d）

（e）

（f）

图1-61　立体交叉路口的环形天桥
（a）、（b）上海河南路复兴路口环形天桥；（c）、（d）广州的过街天桥；（e）、（f）陆家嘴环形天桥

1.2.4　公共卫生服务类

为满足人们公共卫生要求而设置，包括垃圾桶和公共厕所等。

（1）垃圾桶

垃圾桶是保证城市环境卫生整洁的不可或缺的设施。垃圾桶首先要满足功能及设置密度的需求，为适应节能环保、绿色低碳生活的需求，垃圾要进行分类收集并处理，需要可用色彩与图案进行辨识的分类垃圾桶（图1-62），垃圾桶还可带有生物降解功能（图1-63）；其次要适应不同用途、不同环境，如可插于沙中的垃圾桶（图1-64）；还需考虑造型的美感、各种元素

图 1-62　用色彩进行辨识的可分类垃圾桶

图 1-63　生物降解功能垃圾桶

图 1-64　可插于沙中的垃圾桶

的应用及其与周边环境氛围的协调，如中国古典建筑与园林中的中式元素的垃圾桶（图 1-65），西方古典建筑与园林中西式元素的垃圾桶（图 1-66），如植物园、森林公园等环境中自然元素的垃圾桶（图 1-67），城市街道上现代元素的垃圾桶（图 1-68）。

（a）　　　　　　　　　　　　　（b）

图 1-65　中式元素的垃圾桶
（a）钟鼓造型；（b）瓷器造型

图 1-66　罗马柱元素的垃圾桶

(a)

(b)

(c)

图 1-67　自然元素的垃圾桶
（ a ）稻草人造型 ;（ b ）竹罐造型 ;（ c ）木桩鬼脸造型

(a)
(b)

图 1-68　现代元素的垃圾桶
（ a ）路障造型 ;（ b ）色彩艳丽、造型简洁的垃圾桶

（2）公共厕所

　　和垃圾桶一样，公共厕所也是保证城市环境卫生整洁不可或缺的设施之一。公共厕所需按一定的密度来设置，尤其在人流量较多的区域宜加大密度，在诸如马拉松比赛、室外音乐节、世博会、焰火晚会等大型室外活动应设置移动厕所以满足短时大客流的需求（图 1-69）。公共厕所在满足基本功能的情况下一方面应考虑其外观的美感、趣味性，如扑克牌、手风琴、

图 1-69　移动厕所

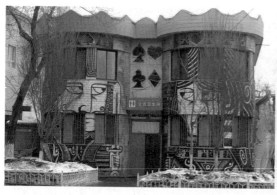

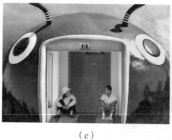

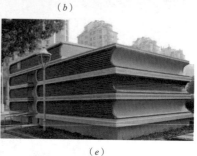

图1-70　各种有趣造型的厕所

（a）扑克牌造型；（b）手风琴造型；（c）昆虫造型；（d）相机造型；（e）书本造型

图1-71　单向透视玻璃厕所

昆虫、相机、书本等造型的厕所（图1-70），有趣的具有单向透视功能的玻璃厕所（图1-71），充满设计感的时尚厕所（图1-72）；另一方面还要考虑与周边环境气氛的协调，如中式古典建筑群及园林中的厕所（图1-73），欧洲园林景观的厕所（图1-74），自然保护区中与环境融为一体的厕所（图1-75），建筑间狭窄通道上的厕所（图1-76）。

公共卫生间的男女标识不仅有助于进行区分，还具有很强的民族性、趣味性与幽默感，活跃并创造轻松的气氛（图1-77）。

（a）　　　　　　　　　　　　　　　　　　（b）

图1-72　时尚设计厕所

（a）材质独特的时尚厕所；（b）造型独特的时尚厕所

（a） （b）

图 1-73 中式古典建筑群及园林中的厕所
（a）将传统砖瓦材质与现代造型相结合；（b）以长城和斗拱为造型元素

图 1-74 欧洲园林景观中的厕所　图 1-75　与环境融为一体的厕所　　图 1-76　建筑间狭窄通道上的厕所

图 1-77 各种趣味卫生间男女标识

1.2.5 信息服务类

为满足人们城市公共空间和环境的认知，引导人们快速到达目的地而设置，主要包括户外广告、导向牌、告示栏（牌）、招牌和门牌等。

（1）户外广告

户外广告是一个国家、一个地区的经济繁荣程度最直观的体现。常见的户外广告按位置可分为汽车车身广告（图 1-78）、候车亭广告、路灯广告、广场广告（图 1-79）、屋顶广告、墙体广告（图 1-80）、道路（公路、铁路）广告（图 1-81），甚至有气球、飞艇广告等，按制作

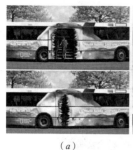

（a）　　　　　　　　　　（b）

图 1-78　汽车车身广告
（a）《寰宇地理》杂志广告；（b）相机广告

（a）　　　　　　　　　　（b）

图 1-79　各种位置广告
（a）候车亭广告；（b）路灯广告

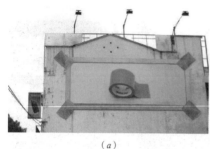

（a）　　　　　　　　　　（b）　　　　　　　　　　（c）

图 1-80　屋顶墙体广告
（a）胶带广告；（b）啤酒广告；（c）油漆广告

材料可分为灯箱、广告牌、霓虹灯、翻页式、LED 看板、液晶显示器等，按性质可分为商业广告与公益广告，此外，还有互动类广告，能感应路人的节能灯、由巧克力制成的广告牌、能显示距离的跑步机、场景变化类广告（图 1-82），以自然为背景的电玩与洗发水广告。人们越来越关注户外广告的创意、内涵、设计效果，它不仅带给人们强烈的感官冲击，更带给人们心理的激荡与思考，并通过它来树立城市形象、美化城市。

（2）导向牌

指示方向的牌子，也叫做标识牌。导向牌一方面具有多种使用功能，既可以用作某个或某些地方、空间的方位引导（图 1-83），也可以用作某地的地理位置指示（图 1-84），还可以与广告结合推介某个产品或服务（图 1-85）；另一方面其形式能凸显某特定空间的用途、特色及所在地域、环境的特征（图 1-86）。其造型各异、色彩丰富、材料多样（图 1-87），其所处区域广泛，有商业街、校园、景区、居住区等（图 1-88），其所处空间层次不一，有地平的、齐腰高的、位于高处的等（见图 1-89），极大丰富了城市空间。

（3）告示栏（牌）

告示栏（牌）又称张贴栏（牌）、宣传栏（牌）、布告栏（牌）、公告栏（牌）。用于公开布告、传播各类信息，如公文、告示、通知、新闻、广告、各类生活服务信息等。广泛应用于企事业单位、公建、居住区、街道、广场、车站、景区、公园绿地等各类、各级供人使用的空间及环境中（图 1-90）。有牌（板）式、橱窗式、灯箱式、翻页式、电子显示屏式等式样（图 1-91）。告示栏（牌）不仅通过公告、宣传、传播各类信息来满足市民精神层面的需求，还能给人们以感官享受（图 1-92）。

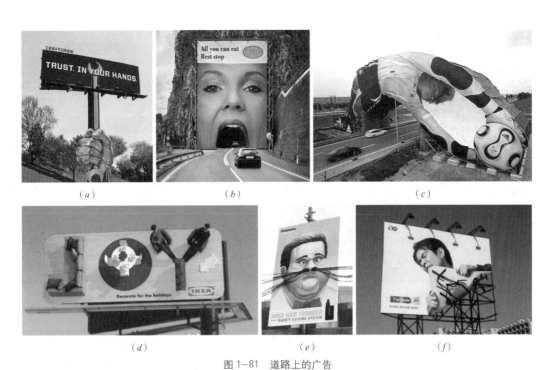

图 1-81　道路上的广告

（a）工具广告；（b）口腔广告；（c）足球广告；（d）家居广告；（e）修毛器广告；（f）牙膏广告

图 1-82　互动类广告

（a）感应灯广告；（b）巧克力广告；（c）跑步机广告；（d）电玩广告；（e）染发广告

图1-83 空间方位引导

图1-84 地理位置指示

图1-85 结合房地产广告

（a）

（b）

图1-86 反应空间特征的指示牌
（a）运动场所；（b）动物园

（a） （b）
图1-87 色彩丰富、造型各异的指示牌
（a）陶罐雕塑造型；（b）立体几何造型

（a） （b）
图1-88 各种地区中的指示牌
（a）旅游景区指示牌；（b）住宅区指示牌

图 1-89　各种高度的指示牌

（a）地面；（b）齐腰高；（c）高处

图 1-90　各个环境中的告示栏（牌）

（a）教堂区；（b）文化广场；（c）景区；（e）绿地

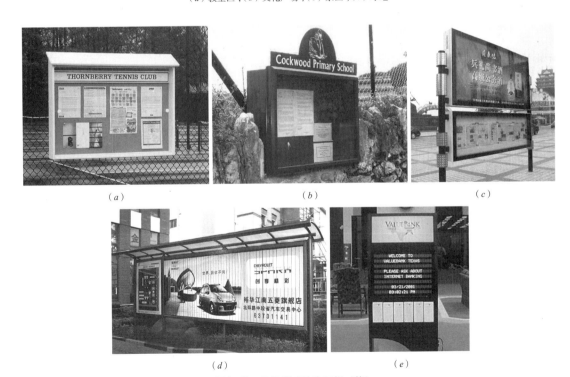

图 1-91　各种样式的告示栏（牌）

（a）牌（板）式；（b）橱窗式；（c）灯箱式；（d）翻页式；（e）电子显示屏式

图1-92　给人以感官享受的告示牌

（4）招牌和门牌

招牌由文字和图案等构成，作为商店标志的牌子，主要用来指示店铺的名称和记号，可称为店标。招牌可以悬挂，采用平行、垂直、纵横向于店面等布置方式（图1-93），也可以落地（图1-94），甚至直接在地面上（图1-95）。门牌指作为企事业单位、公建、车站、广场、景区、公园绿地等标志的牌子（图1-96）。招牌、门牌是构成城市家具系统的重要元素之一，其个性化且富有创造力的设计不仅开拓了人们的眼界，而且激发了人们的想象力，还丰富、美化了城市环境。

1.2.6　空间美化类

为城市街道增添艺术气息，美化和丰富城市公共空间环境的设施，其以装饰美化为主要目的而较少考虑功能。包括室外雕塑、花坛（池、境）、水景、地面艺术铺装、围墙围栏、廊架等。

（1）室外雕塑

指长期安放于各类室外环境（街道、广场、建筑外、景点、公园绿地等）的雕塑。雕塑种类繁多。按功能可分为装饰性雕塑、主题性雕塑、纪念性雕塑、功能性雕塑等。装饰性雕塑一般服务于所处环境，营造轻松、欢快的氛围，带给人们美的享受（图1-97）；主题性雕塑通常

图 1-93　各种悬挂的招牌

(a)、(b)、(c)招牌平行于店面;(d)、(e)、(f)招牌垂直悬挂于店面;(g)、(h)、(i)招牌纵横向于店面

图 1-94　落地招牌

图 1-95　印在地面的招牌

图1-96　放置在各个区域的招牌

（a）学校；（b）办公楼；（c）商场；（d）游乐园；（e）酒店；（f）艺术画廊；（g）车站；（h）商业区；（i）码头；（j）公园

用在特定地点、环境下，与建筑、环境有机结合，具有教育、说明等意义，反映了城市的生活，如波士顿某广场上的龟兔赛跑雕塑，纽约联合国总部前祈求和平的破碎地球与打结手枪的雕塑（图1-98）；纪念性雕塑一般用于纪念历史事件与历史人物，常设置在市民广场、特定建筑物或环境前，如位于比利时布鲁塞尔的尿尿小童雨果雕像，位于巴黎埃菲尔铁塔下的埃菲尔雕像，位于德国开姆尼茨市的马克思雕像，位于美国圣地亚哥市著名的"胜利之吻"雕像，位于西班牙马德里塞万提斯的小说"唐·吉诃德"中的人物雕像（图1-99）；功能性雕塑是将使用功能与艺术相结合，美化、丰富环境。按创作方法可分为雕、刻、塑。按制作方法可分为原雕、浮雕、透雕等。按材料可分为金属、玻璃、石材、木材、合成树脂、玻璃钢等。雕塑能反映城市风貌、美化城市环境、提高城市文化内涵。

图 1-97　装饰性雕塑

（a）　　　　　　　　（b）　　　　　　　　（c）

图 1-98　主题性雕塑

（<i>a</i>）龟兔赛跑；（<i>b</i>）破碎地球；（<i>c</i>）打结的手枪

（2）公共空间水景

公共空间水景是城市环境的重要组成部分，以水为基本要素与其他要素共同构成，反映了城市的社会文化、城市精神、经济发展状况、物质基础条件等各方面。它通常出现在城市各类广场、绿地、道路、街区、建筑外等开放空间中。

1）分类：从形式上可以分为喷涌水景、静态水景、垂落水景、综合水景四类。喷涌水

图 1-99　纪念性雕塑
（a）尿尿小童雨果；（b）埃菲尔；（c）马克思；（d）胜利之吻；（e）唐·吉诃德

景一般自下而上喷出、涌出或溢出，还可利用水的可塑性通过设备器械使水形成各种形状的水景，如普通喷泉、层流喷泉、旱喷等（图 1-100）；静态水景指在无风状态下保持平静，没有声音的水景，如湖面、池塘（图 1-101）；垂落水景指自上而下的水景，如跌水、水幕、瀑布等（图 1-102），综合水景指综合组合各类水景，并结合音乐与灯光，形成丰富的变化（图 1-103）。

2）特点：

艺术表现。它是城市公共艺术品之一，具有艺术性与文化性内涵，它充分利用水这一要素与其他要素的结合创造出静态与动态的美，营造出不同的气氛，或静逸，或热烈，或庄重，或活泼（图 1-104），同时又蕴藏着城市的历史、文化与精神（图 1-105）。满足了公众审美与教育引导的需要。

公众参与。"仁者乐山、智者乐水"，人类与生俱来的亲水性让它广受公众欢迎与喜爱，人

（a） （b） （c）

图 1-100　各种形状的喷泉

（a）普通喷泉；（b）层流喷泉；（c）旱喷

图 1-101　静态水景

图 1-102　垂落水景　　　　　　　　图 1-103　音乐喷泉

（a） （b）

图 1-104　水景营造不同的气氛

（a）静逸；（b）热烈

(a)   (b)

图 1-105   水景蕴含历史和文化精神

(a) 神话故事题材；(b) 宗教题材

们可以从中感受到水的触感、气味、温度，可以在其中嬉戏、玩闹，其亲和力拉近了城市环境与公众的距离，增强了公众对城市环境的认同（图 1-106）。

空间塑造。大面积的水景弱化了空间界限，延展了空间的范围，给人以开阔、舒展之感（图1-107）。小面积的水景会形成视觉的焦点，依据其造型可以起到划分空间、限定空间、引导空

(a)   (b)

图 1-106   水景拉近城市环境和公众距离

(a) 孩子嬉戏；(b) 众人参与

(a)   (b)

图 1-107   大面积的水景

(a) 弱化空间界限；(b) 延展空间范围

间等作用（图1-108）。其自身的构成组织及与周边环境的结合起到增加空间层次、丰富空间形态的作用（图1-109）。

（a） （b） （c）
图1-108 小面积的水景
（a）划分空间；（b）限定空间；（c）引导空间

（a） （b）
图1-109 水景结合周边环境
（a）冰河世纪的广场；（b）旋转楼梯丰富空间层次

（3）地面装饰

城市环境中的地面装饰品有各类装饰井盖（图1-110）、地面铺装艺术等（图1-111）。其装饰了城市地面，丰富了空间层次，反映了城市的历史文化，如美国洛杉矶著名的星光大道上知名影星、电视明星、导演、编剧的星形标识（图1-112）。

（4）植物容器

植物容器指承载各类植物的坛、钵、篮、池等容器，广泛用于街道、广场、建筑等区域（图1-113）。其自身形式多样，富有装饰美感与艺术效果（图1-114）；其放置方式不一，地面、墙面、悬空等，丰富了城市空间层次（图1-115）；其与植物搭配形成整体造景，带给大众自然、亲切、清新的感受（图1-116）；其能与周边环境融合、协调，赋予环境以活力与动感（图1-117）；其还能作为休息平台供大众放松、小憩（图1-118）。实用的功能，美观的造型，使之成为重要的城市家具之一，受到大众的喜爱（图1-119）。其分类主要有：

1）花坛（花钵、花篮）

2）树池（树坛、树钵）

（5）亭、廊架

供公众休息、观景之用，自身也可作为景观与周围环境融为一体。一般为开敞性结构，常用于广场、公园绿地、居住区中。其功能多样，从休憩到观赏（图1-120），从纪念到集散（图1-121），从遮蔽到娱乐（图1-122），满足人们多样的需求；其造型不一，从古典到现代（图1-123），

图 1-110 装饰性井盖

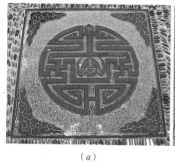

（a）

图 1-111 地面铺装艺术
（a）中式吉祥图案；（b）书法艺术

（b）

图 1-112 星光大道标识

图 1-113 各区域的花坛

（a） （b） （c）

图 1-114　各种形式的花坛
（a）波浪形花坛；（b）圆形花坛；（c）异形花坛

（a） （b） （c）

图 1-115　各种放置形式的植物容器
（a）放置在地面的花盆；（b）放置在自行车头的花盆；（c）悬挂在墙面的花盆

（a） （b） （c）

图 1-116　树池护栏、盖板与植物搭配
（a）丰富的植物搭配；（b）花卉装点树池；（c）蜿蜒的金属条护栏

（a） （b）

图 1-117　树穴盖板、护栏与环境协调
（a）金属护栏；（b）半圆形座椅与护栏功能相结合

（a）　　　　　　　　　　　　　　　　　（b）　　　　　　　　　　　　　　　　　（c）

图1-118　可休息式树坛

（a）仿自然石头形态的树坛；（b）弧度优美便于交流的树坛；（c）半圈式座椅

图1-119　造型美观的树钵

（a）方形树钵；
（b）圆形树钵

（a）　　　　　　　　　　　　　　　　　（b）

图1-120　功能多样的廊架

（a）可休憩停留的廊架；
（b）走道式廊架

（a）　　　　　　　　　　　　　　　（b）

图1-121　纪念和集散功能

（a）纪念功能的亭子；
（b）醒目的、有标志性作用的集散式廊架

（a）　　　　　　　　　　　　　　　（b）

图1-122 遮蔽和娱乐功能
（a）半封闭式亭子；
（b）开放式廊架

（a）　　　　　　　　　　　　（b）

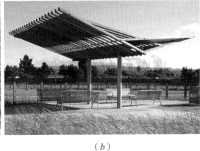

图1-123 古典亭子和现代廊架
（a）古典亭子；
（b）现代廊架

（a）　　　　　　　　　　　　（b）

从稳重到时尚（图1-124），从简约到华丽（图1-125），从现实到梦幻（图1-126），带给人们美的享受与历史文化的熏陶；其材料繁多，有木、竹、金属、合成树脂、薄膜、复合材料（图1-127）。

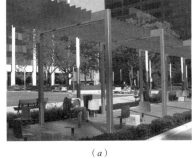
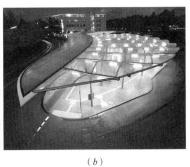

图1-124 稳重、时尚的廊架
（a）稳重的廊架；
（b）时尚的廊架

（a）　　　　　　　　　　　　（b）

图1-125 简约、华丽的廊架
（a）简约的廊架；
（b）华丽的廊架

（a）　　　　　　　　　　　　（b）

图 1-126 现实、梦幻廊架
（a）造型简洁的现代廊架；
（b）梦幻的廊架

（a）   （b）

（a）   （b）   （c）   （d）

图 1-127 各种材料制成的廊架
（a）复合材料制；（b）竹制；（c）金属制；（d）合成树脂制

作业一　城市家具调研与测绘

作业标题：

城市家具调研考察，城市家具测绘。

作业形式：

A3 文本，并制作汇报 PPT。

作业要求：

1. 墨线绘制，简单上色，符合制图规范；

2. 自行挑选某高校、居住区、公园绿地、特色街区这四类空间进行考察，调研其中城市家具与陈设，拍摄（彩色，需有小组现场合影）记录后编辑整理；

3. 选择休闲桌椅、报栏（布告栏）、售报亭、景观小品等进行拍摄并测绘，每人 1 个；

4. 小组完成，每组从指定四类空间中选择一类，各类别只能选择两次。

图纸内容：

1. 封面：要求注明调研标题、小组名称及成员姓名、指导教师及日期；

2. 图纸目录：要求有图号、图名、图幅及备注四栏；

3. 调研说明（图文并茂）：对调研的空间进行描述分析，包括区位、总图、名称、特色等；

4. 各城市家具现场照片：包括其所在位置及必要文字说明；

5.各测绘图:包括平面、立面、剖面、手绘透视图与现场照片(2张以上,不同角度,表达清晰),
1∶20～1∶50。

评分标准:

<table>
<tr><th colspan="5">城市家具调研与测绘评分标准</th></tr>
<tr><th>序号</th><th>分项</th><th>总分</th><th>分项标准</th><th>分项分值</th></tr>
<tr><td>1</td><td rowspan="3">汇报</td><td rowspan="3">40</td><td>项目陈述流畅</td><td>20</td></tr>
<tr><td>2</td><td>问题解答清晰</td><td>10</td></tr>
<tr><td>3</td><td>PPT编排精良</td><td>10</td></tr>
<tr><td>4</td><td rowspan="4">测绘</td><td rowspan="4">60</td><td>与小组成员协同合作默契</td><td>10</td></tr>
<tr><td>5</td><td>图面效果好,文本制作精良</td><td>20</td></tr>
<tr><td>6</td><td>图纸量全,内容符合规定</td><td>15</td></tr>
<tr><td>7</td><td>制图规范,线条明晰</td><td>15</td></tr>
<tr><td colspan="2">总计</td><td colspan="3">100</td></tr>
</table>

小结评语:

通过本节学习,结合作业训练,使学生熟悉城市家具的定义、特性与功能,掌握城市家具
的分类、各自特征与作用。培养学生具有现场测绘与记录的能力,具有针对指定环境合理选用
城市家具的能力。

2

模块二　室内家具与陈设

教学目的：

1. 了解室内家具的基本定义、功能及属性。

2. 熟悉中外家具发展历史脉络。

3. 掌握各时期家具的流派、式样与各自特点。

4. 了解家具形成与发展的原因及家具风格形成所具备的要素。

5. 了解家具与陈设的密切关系。

6. 掌握陈设的种类及陈列摆放的基本模式。

7. 为之后的家具设计与创造提供启迪与扩展。

所需课时：

8 ~ 18

自学学时：

8 ~ 18

推荐读物：

1. 王受之 . 世界现代设计史 [M]. 广州：新世纪出版，2002.

2. 何镇强，张石红 . 中外历代家具风格 [M]. 郑州：河南科学技术出版社，1998.

3. 方海 . 20 世纪西方家具设计演变 [M]. 北京：中国建筑工业出版社，2001.

4. 李宗山 . 中国家具史图说 [M]. 武汉：湖北美术出版社，2001.

5. 李旭，李旋，蒲江 . 室内陈设设计 [M]. 合肥：合肥工业大学出版社，2007.

6. 刘芳 . 室内陈设设计与实训 [M]. 长沙：中南大学出版社，2009.

7. 李岚 . 陈设设计 [M]. 北京：中国青年出版社，2007.

8. 戴勇，黄学坚 . 陈设（生活智慧）[M]. 大连：大连理工大学出版社，2009.

9. 庄荣，吴叶红 . 家具与陈设 [M]. 上海：同济大学出版社，2005.

重点知识：

1. 外国古典家具古代、中世纪、近世纪三个阶段的主要风格与流派。

2. 明、清家具各自的特征与区别。

3. 巴洛克与洛可可家具各自的特征。

4. 现代家具不同阶段代表人物及其主要作品。

5. 室内陈设与环境之间如何取得协调。

6. 陈设种类及陈设方式。

难点知识：

1. 室内家具与陈设的综合应用。

2. 室内家具与陈设的风格的统一。

2.1 室内家具概述

2.1.1 室内家具的定义

家具是人类衣食住行活动中供人们坐、卧、作业或供物品贮存和展示的一类器具。家具与人的关系最为密切。

2.1.2 室内家具的作用

对空间的识别。它是使室内空间产生具体价值的必要措施。家具外观往往比空间装饰界面更能反映空间的功能特性，所以人们往往通过空间中的家具来判断该空间的用途。如在空间中放上书桌与书架，第一反应就觉得是书房。

对空间的利用。在室内空间和个人之间形成一种过渡。家具为人类更加有效地利用空间提供了重要媒介，不同的使用行为对应不同家具（表1-1）。

对空间的塑造。家具除了能使室内空间适应人们的生活外，还能通过其外在形态、材质等凸显室内空间风格。

对空间的美化。它是环境中的重要陈设与表现媒介，起到了烘托室内环境气氛的作用，装饰、美化了空间环境。

行为与对应家具

表1-1

人的行为	相对应的家具
休息、睡眠	床、沙发、躺椅等
更衣、存衣	大衣柜、组合衣柜、衣架、衣箱等
进餐、烹饪	餐桌、餐椅、餐柜、吧台、酒柜、清洗台、切配台、灶台、食品柜等
工作、学习	写字台、书柜、书架、文件柜、工作台、折叠椅等
团聚、娱乐	安乐椅、沙发、茶几等
售货、购物	货柜、货架、陈列柜、展示台等

2.1.3 室内家具的功能

室内家具的主要功能可以分为物质功能和精神功能。

（1）物质功能

物质功能即使用功能，指家具的具体使用目的和使用要求。家具的物质功能是建立在对人体的生理机能与心理特征等充分研究的基础之上的。家具的物质功能有组织空间、限定空间、完善空间与节省空间等。

1）组织空间（图2-1）。家具能围合不同功能的空间，还能引导人的行进路线。

2）限定空间。家具可划分、分隔空间。家具对空间的划分与分隔自由灵活且可移动（图2-2），并且隔而不断，保持空间完整。

3）完善空间。配置适合的家具可使空间布局完整，产生均衡与稳定的效果。还可以装饰空间中较为单调沉闷的地方（图2-3）。

4）节省空间。家具能填补角落、楼梯下部及空间低矮处等使用率低的空间，起到间接扩

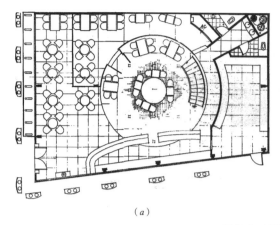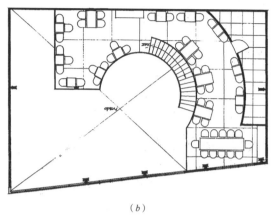

（a）　　　　　　　　　　　　　　　　（b）

图 2-1　空间家具布置图

（a）一层平面图；（b）二层平面图

图 2-2　家具分隔空间　　　　　　　图 2-3　家具点缀空间

大空间的作用；采用壁柜、壁架、吊柜、壁龛等方式以及多用途和折叠式家具，有效利用空间；家具还能作为隔断替代墙体，有效地节约使用面积（图 2-4）。

（2）精神功能

精神功能即满足人的心理需求的内容。家具的精神功能有陶冶情操、营造氛围、丰富色彩等。

1）陶冶情操。优秀的家具好像一件艺术品，能带给人们美的享受。同时家具还反映了拥有者的性格、脾气与爱好（图 2-5）。

2）营造氛围。家具能反映民族文化、地域特征、环境特点、历史风貌与时代特色。由此产生了不同样式、种类与风格的家具（图 2-6）。

3）丰富色彩。利用家具来丰富环境色彩，从而达到弱对比大调和的空间色彩设计原则（图 2-7）。

（a）　　　　　　　（b）　　　　　　　　（c）　　　　　　　　　（d）

图 2-4　节省空间的设计

（a）开敞式衣柜；（b）壁龛；（c）可作为空间隔断的书柜；（d）壁架

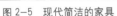  

图 2-5　现代简洁的家具　　　图 2-6　欧式古典家具　　　图 2-7　彩色家具点缀灰色空间

2.1.4　室内家具的分类

（1）按风格与地域分类

可分为现代家具、后现代家具、欧式古典家具、美式家具、中式古典家具、新古典家具、新装饰家具、韩式田园家具、地中海家具等。

（2）按功能分类

可分为坐卧类（如椅、凳、沙发、床）、凭倚类（如桌、台、案、柜台）和储存类（如橱、柜、架、箱）。

（3）按材料分类

可分为木制家具、竹制家具、藤制家具、金属家具、塑料家具、石制家具和其他家具。

（4）按结构分类

结构是指家具所使用的材料和构件之间的组合与连接方式，它是依据一定的使用功能而组成的一种系统。按结构可分为框架结构、板式结构、拆装结构、折叠结构、薄壳结构、充气结构、注塑结构等。

（5）按使用场所分类

可分为居住家具、办公家具、商业家具、餐饮家具、展示家具、实验家具、医院家具、视听家具、学校家具、交通工具家具等。

2.1.5　家具布置及其选用

（1）家具布置方式

1）按照家具在空间中的位置布置，可分为：

周边式。将家具沿四周墙布置，留出中间位置。此方法使空间相对集中，易于组织交通，为举行其他活动提供较大场地，也便于布置中心陈设，该类布置方法常见于客厅、接待厅等（图2-8）。

岛式。将家具布置在室内中心地带，留出周围空间。此方法强调家具的中心地位，显示其重要性和独立性，周边的交通活动，保证了中心区不受干扰和影响，该类布置方法常见于餐厅、书房、会议室等（图2-9）。

图2-8　周边式家具布置　　　　　图2-9　岛式家具布置

单边式。将家具集中在一侧，留出另一侧空间。此方法使工作区和交通区截然分开，功能分区明确，干扰小。交通呈线形，此时交通面积最为节约。该类布置方法常见于空间相对狭窄的办公室、公共餐厅等（图2-10）。

走道式。将家具布置在室内两侧，中间留出走道。此方法能节约交通面积，但交通对两边都有干扰。该类布置方法常见于厨房、宾馆客房等（图2-11）。

2）按照家具组合形式布置，可分为：

对称式。该方法显得庄重、严肃、稳定而静穆，适合于隆重、正规的场合。如会客、洽谈空间（图2-12）。

非对称式。显得活泼、自由、流动而活跃。适合于轻松、非正规的场合。

聚拢式。常适合于功能比较单一、家具种类不多、房间面积较小的场合，组成单一的家具组。

图2-10　单边式家具布置　　　　图2-11　走道式家具布置　　　　图2-12　对称式家具布置

离散式。常适合于功能多样、家具种类较多、房间面积较大的场合，组成若干家具组团。

3）按照家具与墙体的关系布置，可分为：

沿墙布置。充分利用墙面，使室内留出更多的空间。

垂直于墙面布置。考虑采光方向与工作面的关系，起到分隔空间的作用。

临空布置。用于较大的空间，形成空间中的空间。

不论采取何种形式，均应有主有次，层次分明，聚散相宜。

（2）影响家具及布置选用的因素

家具及其布置的选用应结合空间的性质和特点，确立合理的家具类型和数量，明确家具布置范围，达到功能分区合理、流线组织明确，从而获得良好的视觉效果和心理效应。影响因素有：

功能分区与流线组织。空间的功能决定了家具类型的选择，组织好空间活动和交通路线，使动、静分区分明。

行为与活动模式。不同的行为与活动模式决定了家具布置的形式。如多功能室中观看行为与游戏行为下桌椅摆放有很大的不同。

空间环境。家具的体量、形状及家具布置的形式应与空间相适宜，家具的风格式样应与空间环境相一致，达到整体和谐的效果。

2.2 中外家具发展简史

2.2.1 家具的形成

家具是人类文明与人类生活实践的产物，它伴随人类文明的发展和社会进步不断发展。综合反映了当时社会的文化艺术、建筑风格、科学技术、生活方式等各方面。任何空间与时间的家具风格都是在继承前人的基础上，利用该空间与时间的物质技术条件创造出来的。其形成与发展的原因有：

客观上的原因：地理、气候、地貌、自然资源等自然环境的原因，材料、工艺、技术、结构等物质技术的原因。

主观上的原因：如审美情趣、民族特性、社会制度、生活方式、文化潮流、风俗习惯等。

2.2.2 西方传统家具

（1）古代家具

约公元前 16 世纪～公元 5 世纪，泛指古埃及、古希腊、古罗马时期的家具。

1）古埃及家具

时间：约公元前 15 世纪

特点：强调权利。腿部多为动物造型，且模拟动物行进时的状态，四足朝同一方向；家具足部多有木块垫脚；椅背与椅面成直角，椅面多为薄木板、绷皮革或编草、缠亚麻绳等；主要材料为木、石、金属、镶嵌宝石和纺织物（图 2—13）。

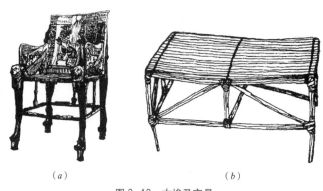

图2-13 古埃及家具

(a) 图坦卡蒙椅;(b) 芦苇桌

2)古希腊家具

时间:公元前7世纪~公元1世纪

特点:典雅庄重。功能与形式统一,造型简洁,不施过多装饰;线条优美舒展,椅面曲线,椅腿出现镟木;背部倾斜弯曲,腿部向外张开向上收缩;典型代表是克里斯莫斯椅和地夫罗斯凳(图2-14)。此外,室外家具、公共空间家具开始出现。

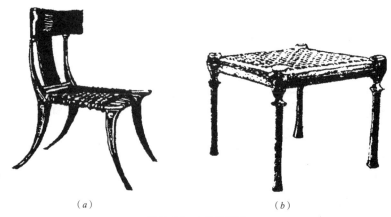

图2-14 古希腊家具

(a) 克里斯莫斯椅;(b) 地夫罗斯凳

3)古罗马家具

时间:公元前5世纪~公元5世纪

特点:奢华厚重。折凳具有特殊地位,是权力的象征;带着奢华的风貌,家具上雕刻精细,特别是出现人物和植物的图饰,人物与动植物多为模铸;家具腿部四蹄向外;庞贝古城出土的实物中可以看到遗存很好的大理石、铁或青铜家具(图2-15)。

(2)中世纪家具

从罗马帝国的衰亡到欧洲文艺复兴兴起前,约在公元4世纪至14世纪。这时期的家具主要是拜占庭、仿罗马家具、哥特式家具。

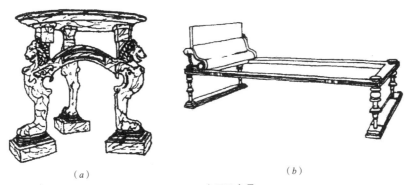

图 2-15　古罗马家具
（a）大理石半圆桌；（b）铜床

1）拜占庭家具（又称仿希腊家具、东罗马风格家具）

时间：公元 4 世纪～公元 10 世纪

特点：东方风格。在继承古罗马家具的基础上吸收了西亚艺术风格。装饰以雕刻、镶嵌为主；椅子直线造型，丝绸为衬垫，外套装饰；装饰纹样有象征基督教的十字架、圆环、花冠、拱券与动物图案结合（图 2-16）。

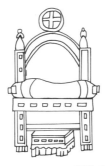

图 2-16　拜占庭家具

2）仿罗马家具

时间：公元 10 世纪～公元 13 世纪

特点：为哥特风格前奏。镟木风格为主；罗马式柜子为典型（高腿屋顶形斜盖柜），箱柜正面薄木，以花卉（玫瑰）与曲纹为主，有附加铁皮，帽钉；大量使用建筑元素，如檐帽、拱券与圆柱等（图 2-17）。

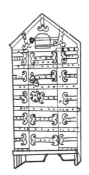

图 2-17　仿罗马家具

3) 哥特家具

时间：公元12世纪～公元15世纪

特点：挺拔向上。由哥特建筑演变；强调垂直线条，火焰形装饰；初期椅部无腿，采用柜形，后期出现椅腿；装饰手法以线雕、透雕、镶板等为主，亚麻布装饰；装饰元素有尖顶、尖拱、细柱、垂饰罩等（图2—18）。

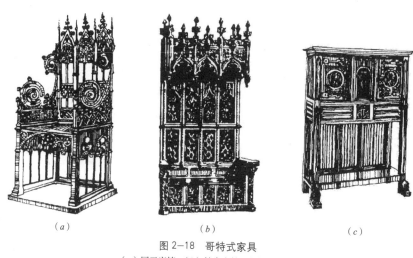

（a）　　　　　　　　（b）　　　　　　　　（c）

图2—18　哥特式家具

（a）国王座椅；（b）教堂座椅；（c）立式柜

(3) 文艺复兴家具

时间：公元14世纪～公元16世纪

特点：源于意大利，对古希腊与古罗马文化的复兴，喜欢使用建筑式样为装饰。庄重深沉，家具多不露结构部件，而强调表面雕饰，多运用细密描绘的手法，具有丰裕华丽的效果（图2—19）。

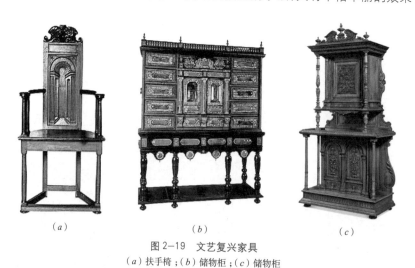

（a）　　　　　　　　（b）　　　　　　　　（c）

图2—19　文艺复兴家具

（a）扶手椅；（b）储物柜；（c）储物柜

(4) 巴洛克及洛可可家具

1) 巴洛克家具（Baroque）

时间：公元16世纪末～公元18世纪中叶

特点：雄壮大气，使家具使用与精神功能趋于完善，更具人性化。比例协调，优美；装饰纹样集中，重整体效果，给人宽大雄厚感；几何形体为主，大量使用矩形、截角方形、椭圆、圆；椅座、扶手和椅背用织物、皮革等包衬（图2—20）。

图 2—20　巴洛克风格家具

2）洛可可家具（Rococo），又称路易十五式家具

时间：公元18世纪

特点：柔婉妩媚。弯脚，曲线为主，线条柔和，少有横撑；装饰方法多为绘、雕、镶、织锦、刺绣；装饰题材有海贝、卵形、植物、绶带、涡卷、天使等；色彩采用柔和的淡色系，以金与黑增加华丽与对比（图2—21）。

图 2—21　洛可可风格家具

（5）新古典主义

分为两个发展阶段：第一阶段称为庞贝式；第二阶段称为帝政式。

1）庞贝式，又称路易十六式

时间：公元1744～公元1793年

特点：高直纤细。直线造型为主，抛弃洛可可的曲线造型；强调结构，腿部由上而下渐小，用腿上的细脚体现力量；装饰纹样部位多用宽边，外形以矩形为主；式样俭朴、做工讲究（图2—22）。

图 2-22 庞贝式家具

2）帝政式

时间：公元 1804 ~ 公元 1815 年

特点：权威尊贵。拿破仑为炫耀战功和军人作风而请专人设计。形式上复古,融合了古罗马、古希腊与古埃及风格，厚重结实，功能结构不够合理；黑、金和红色为主色调；将古典建筑细部及怪兽加于家具上，刻板生硬，整体不够协调（图 2-23）。

图 2-23 权威尊贵的帝政式家具

（6）英国式样家具

英国家具的发展经历了伊丽莎白一世、雅各布时期、威廉·玛丽时期、安妮女王时期、乔治时期、摄政时期、维多利亚时期，与欧洲本土家具的发展既有联系又有自己的独特之处。本书主要介绍四位英国本土的家具大师。

1）齐本德尔（Thomas Chippendale）

特点：第一位以自己名字命名家具风格的设计师。在洛可可的基础上吸收东方艺术风格，尤其受到中国文化的影响。椅子靠背有三种基本式样：中国窗格式（阿里斯式）、梯形横格式、立板透雕成提琴式或缠带曲线式（图 2-24）。

2）亚当兄弟（Robert Adam）

特点：形式简洁、造型规整，具有古典的朴素美。笔直、修长的线条；重视装饰纹样，刻有凹槽的圆柱，饰有精美的深浮雕，尤其是带褶皱的花环（图 2-25）。

图 2-24　齐本德尔家具
（a）中国窗格式；（b）梯形横格式；（c）立板透雕成提琴式

图 2-25　亚当兄弟家具
（a）梳妆台；（b）脚凳；（c）椅子

3）海普怀特（Geoge Hepplewhite）

特点：深受法国路易十六时期的影响，比例优美，造型精炼，结构简洁，比较轻巧。所设计的椅子为直腿，有刻沟，向外叉开，椅背成盾形，中间有透雕的交错图案（图 2-26）。

图 2-26　海普怀特椅
（a）椅子；（b）椅子；（c）边桌

4）谢拉顿（Thomas Sheraton）

特点：受法国路易十六时期的影响，强调纵向线条，比例适度，朴素而轻便，桌腿常设轮（图2—27）。

（a）　　　　　　　　　　（b）　　　　　　　　　　（c）

图2-27　谢拉顿家具
（a）椅子；（b）储物柜；（c）可折叠桌子

（7）美国式样家具

经历了殖民时期与联邦时期。

时间：公元17世纪初～公元19世纪中叶

特点：

殖民时期式样：分为前后期，前期模仿巴洛克，后期在英国洛可可式样上进行简化，简单而朴素，线条方正、造型坚固，配有厚重的装饰和雕刻。著名的家具为温莎椅（图2-28）。

联邦时期式样：又称邓肯·法夫式（Duncan Phyfe），他是美国著名的家具设计师。早期以七弦琴图案为标志，晚期受法国帝政式影响，轮廓比例优美，曲线流畅（图2-29）。

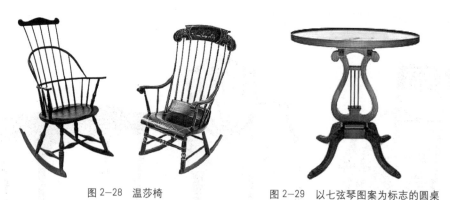

图2-28　温莎椅　　　　　　图2-29　以七弦琴图案为标志的圆桌

2.2.3　中国传统家具

"天人合一"是中国人最基本的思维方式，体现在物我一体的自然观上。人与自然的协调是最高的追求。家具是人适应环境的一种产物，中式家具在追求自然之美的基础上深受中国传统等级观念的影响。其发展经历了以下几个时期：

(1) 萌芽期

时间：商、周至三国时期（公元前1700年～公元280年）

特点：神秘威严。青铜、漆木家具为主；席地而坐、跪坐的方式决定了低形家具形式；装饰形式多见彩绘、浮雕、阴刻等；代表家具有俎（zu）、禁、甒（yan）、机、榻（图2-30）。

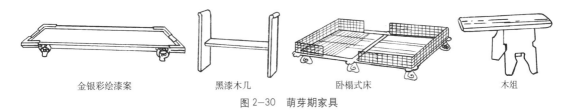

金银彩绘漆案　　　　黑漆木几　　　　卧榻式床　　　　木俎

图2-30　萌芽期家具

(2) 转变期

时间：两晋至五代时期（公元265年～公元960年）

特点：上层社会开始垂足坐的生活习惯，高形家具出现，高低家具并存；民族大融合，加之佛教的传入，家具集合多民族特色；代表家具有交杌、胡床、凭几等（图2-31）。

（a）　　　　（b）　　　　（c）　　　　（d）

图2-31　两晋至五代时期家具
（a）交杌、胡床；（b）凭几；（c）床；（d）椅

(3) 发展期

时间：宋、辽、金、元时期（公元960年～公元1368年）

特点：挺拔秀丽、朴素雅致。生活习惯为垂足坐，高形家具已经定型；家具品种丰富，家具系统成熟，室内陈设范围扩大；家具多为梁柱式框架结构，技术结构完善并与艺术处理结合（图2-32）。

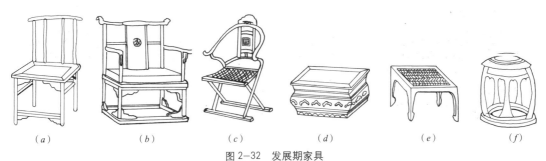

（a）　　　　（b）　　　　（c）　　　　（d）　　　　（e）　　　　（f）

图2-32　发展期家具
（a）靠背椅；（b）扶手禅椅；（c）交椅；（d）方墩；（e）方凳；（f）墩

（4）鼎盛期

时间：明、清时期（公元1368年～公元1911年）

商品经济的发达与外部大量优质硬木的引入，使这一时期家具制造业空前繁荣，进入家具的黄金期。

1）明式家具特点：简洁、合度。造型简洁、结构合理、线条挺秀舒展、比例适度、不施过多装饰的素雅端庄的自然美；用材典雅质朴、质地优美；注重功能形式的统一，结构、形式符合人体工程学原理，由结构产生式样（图2-33）。著名家具收藏家王世襄就明式家具特色总结为"十六品"：简练、淳朴、厚拙、凝重、雄伟、圆浑、沉穆、秾华、文绮、妍秀、劲挺、柔婉、空灵、玲珑、典雅、清新。

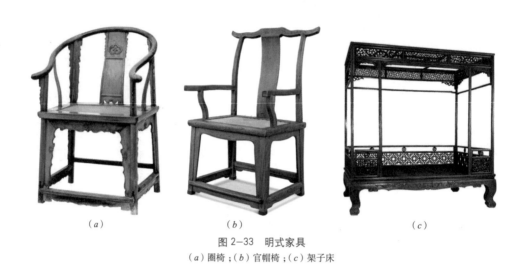

图2-33 明式家具
（a）圈椅；（b）官帽椅；（c）架子床

2）清式家具特点：造型复杂，风格华丽厚重，线条平直硬拐，雕饰增多，镶嵌装饰多；强调形式，对家具结构的合理性和人体使用功能的协调性不够重视；尺度大而型重，雄伟气派；成套组合，与建筑室内装饰融为一体（图2-34）。

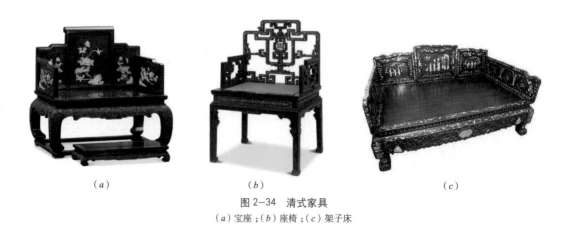

图2-34 清式家具
（a）宝座；（b）座椅；（c）架子床

(5) 民国时期

时间：民国时期（公元 1911 年～公元 1949 年）

类型：分为三类（图 2-35）

1) 中国传统类型：有北式（京式）、南式（广式）、江南式样（苏式、宁式）等。

2) 中西结合类型：仿西方 18 ～ 19 世纪古典家具，部分与中国传统元素相结合，如海派家具。

3) 现代式样类型：受西方现代设计影响。

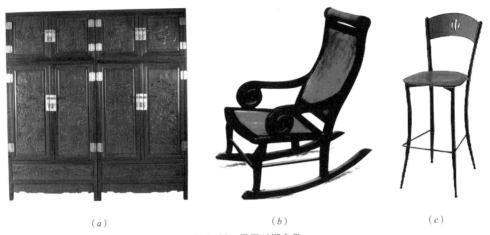

（a）　　　　　　　　　　（b）　　　　　　　　　（c）

图 2-35　民国时期家具

（a）中国传统类型；（b）中西结合类型；（c）现代式样类型

2.2.4　现代家具

现代家具经历了探索时期、形成时期、发展时期与多元时期。

(1) 探索时期（公元 1850 年～公元 1914 年）

探索就是对墨守成规的不满，对未来新世界的畅想，是对传统的突破。出现了曲木家具、震颤派、工艺美术运动、新艺术运动、德意志制造联盟等派别。

1) 曲木家具

曲木家具的代表人物是托纳特（Michael Thonet），他于 1842 年发明弯曲木技术（蒸木模压成型技术），这些原理与技术被广泛使用在曲木家具中，被称为"托纳特"法。同时他也是家具工业化生产的先驱。他的家具造型简洁优美，价格低廉，品种多样，制造方便，广受欢迎（图 2-36），为现代家具的开端奠定了基础。其中最具代表的是 1859 年开始生产的 14 号椅（又称维也纳椅）仅到 1930 年就生产了 5000 万件（图 2-37），目前仍在生产中。

图 2-36　曲木家具

图 2-37　维也纳椅

2) 震颤派

震颤派是于 1747 年成立的宗教组织,与摩门教类似,倡导清教徒式的俭朴生活。大量家具都是自己生产,倡导朴素的实用主义,强调秩序、逻辑性与功能性,多为木材质地,线条流畅、结构清晰(图 2-38)。其对现代家具的产生有着重要的影响。

(a)　　　　　　　　　(b)　　　　　　　　　　　(c)

图 2-38　震颤派家具
(a)椅子;(b)高脚桌;(c)长椅

3) 工艺美术运动

工艺美术运动起源于英国,提倡艺术家参与产品设计,产品应该是技术与艺术的结合,反对工业化生产所导致的产品单一与无个性。代表人物是拉斯金(John Ruskin)与莫里斯(William Moris),莫里斯因有自己的商行从事家具设计与生产而更具代表性。

虽然莫里斯宣扬产品是为大家服务而不是供少数人赏玩,但其过度追求质量与设计感,每一件都是精品之作,从而导致他的家具非常昂贵,不易制造,只能为少数权贵服务(图 2-39)。

4) 新艺术运动

受英国工艺美术运动影响,新艺术运动起源于法国。新艺术运动同样强调技术与艺术的结合,反对工业化生产。家具设计注重装饰,主张"回到自然中去",即从自然界中吸取设计要素,多采用植物茎叶状曲线条。其在不同国家有不同的特色。

（a）　　　　　　　　　　　　（b）　　　　　　　　　　　　（c）

图2-39　工艺美术运动时期家具

（a）可折叠式躺椅；（b）固定式休闲椅；（c）梳妆台

法国新艺术运动

代表人物及其作品有：赫克托·格马特（Hector Guimard）。其作品大量使用植物茎叶状曲线以及抽象图案，充满律动感（图2-40）。

（a）　　　　　　　　（b）　　　　　　　　（c）　　　　　　　　（d）

图2-40　格马特的家具

（a）陈列柜；（b）陈列柜；（c）咖啡几；（d）沙发

西班牙新艺术运动

代表人物及其作品有：安东尼·高迪（Antoni Gaudi）。西班牙新艺术运动的代表人物。其作品追求曲线、摒弃直线，具有非常强烈的雕塑感，大多形式强于功能（图2-41）。

图2-41　高迪的扶手椅

英国新艺术运动

代表人物及其作品有：麦金拓什（Mackintosh）。其作品追求简单纵横直线的形式，代表作是高背椅，完全是黑色的高背造型，非常夸张（图2-42）。

图2-42 麦金拓什的高背椅

比利时新艺术运动

代表人物及其作品有：维克多·霍塔（Victor Horta）。比利时新艺术派的杰出设计师。其作品以曲线为主，装饰上保持了运动的基本风格，很好地平衡了功能与装饰的关系（图2-43）。

图2-43 床具

图2-44 彼得·贝伦斯的椅子

5）德意志制造联盟

1907年10月成立，由企业家、技术工人、艺术家等不同领域人员构成，致力于将艺术、工业与商业相结合，推动优质产品的生产。其最早提出机械化生产对于社会发展的重要性，为现代设计的出现奠定了基础。

彼得·贝伦斯，德国现代主义设计的重要奠基人之一，著名建筑师，工业产品设计的先驱，"德国工业同盟"的首席建筑师。1903年他被任命为迪塞尔多夫艺术学校的校长，在学校推行设计教育改革。他拒绝复制历史风格，坚持理性主义美学原则，他的风格接近几何图形，因而易于转向纯工业形式的创作，对工业化的强调是他设计的中心（图2-44）。

亨利·凡·德·威尔德（Henry van de Velde，1863～1957年），比利时建筑师、设计师、教育家，德意志制造联盟创始人之一，是"新艺术运动"的重要代表之一。他强调理性，但又坚持设计师在艺术上的个性，反对标准化给设计带来的限制（图2-45）。

图2-45 亨利·凡·德·威尔德的椅子

（2）形成时期（公元1914年～公元1944年）

两次世界大战导致经济萧条，大量需要实用性强而又价廉物美的产品，推动了现代家具的出现。出现了荷兰风格派、包豪斯学派、国际式风格、装饰艺术风格、北欧风格等风格流派。

1）荷兰风格派

1917年成立，推崇画家蒙德里安作品所变现的特点，遵从抽象的原则，追求机械的精确，用最简单的几何形体与最纯粹的色彩来表现。作品中多直线、方形、矩形等，几乎不用曲线；色彩也只用红、黄、蓝三原色兼用一些黑、白、灰色。代表人物及其作品有：

格力特·里特维尔德（Gerrit Thomas Rietveld）。其作品强调抽象与机械美，家具的形式追随结构与材料，采用几何形体及垂直或水平的平面进行造型。代表作品是红蓝椅（图2-46）与"z"字椅（图2-47）。

2）包豪斯学派

包豪斯既是一所学校又是一个学派，它以学校为形式，创造了功能、技术、艺术相结合的设计制造方法与教育方法，它的出现对世界产生了巨大的影响，标志着现代主义设计进入历史舞台，奠定了现代设计教育体系，成为现代主义设计师培养的摇篮。代表人物及其作品有：

图2-46 红蓝椅　　　　　　　　图2-47 "z"字椅

瓦尔特·格罗皮乌斯（Walter Gropius）。包豪斯的创始人，与密斯、柯布西耶与莱特一起被尊为现代建筑四大师。他致力于艺术与技术的统一，强调消除机械的弊端的同时对机械有效利用，从而来提高人们的生活质量。其代表作品是装饰包布扶手椅（图 2-48）。

图 2-48　瓦尔特·格罗皮乌斯的装饰包布扶手椅

马赛尔·布鲁尔（Marcel Breuer）。包豪斯的优秀学生，后期成为包豪斯的教师。他的作品注重功能，面向工业化生产，致力于形式、材料与工艺技术的统一。他致力于家具的标准化与系列化设计，他还发明了钢管家具。其代表作品是用标准件制作的钢管家具，如塞斯卡椅、瓦西里椅（图 2-49）。

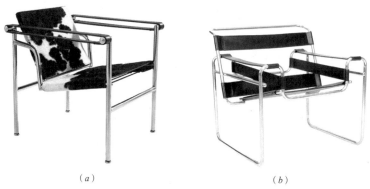

（a）　　　　　　　　　　　　（b）

图 2-49　马赛尔·布鲁尔的椅子
（a）塞斯卡椅；（b）瓦西里椅

勒·柯布西耶（Le Corbusier）。现代建筑四大师之一，倡导机械美学，追求机械的理性、逻辑性与秩序。其家具作品以人体工学为依据，造型优美，到达了功能与形式的统一。代表作品有可调式躺椅、高级扶手椅等（图 2-50）。

（a）　　　　　　　　　　　　（b）

图 2-50　勒·柯布西耶的椅子
（a）可调式躺椅；（b）高级扶手椅

3）国际式风格

以功能为设计出发点，具有世界性，所以称为国际式风格。采用先进技术、现代材料、简洁形式来追求技术、艺术与经济的完美组合。代表人物及其作品有：

密斯·凡德罗（Mies Van Dar Rohe）。现代建筑四大师之一，他提出了"少就是多"的设计原则，追求艺术与技术统一的思想，其纯净、简约、模数化的设计被后人称为"密斯风格"。其家具作品造型简洁流畅、比例完美协调，形式、材料、工艺统一。代表作品有巴塞罗那椅、悬挑扶手椅等（图2-51）。

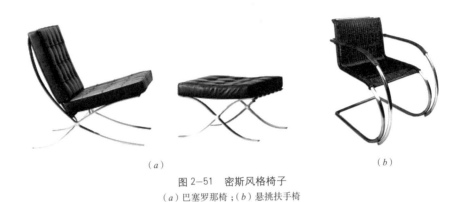

图2-51　密斯风格椅子

（a）巴塞罗那椅；（b）悬挑扶手椅

4）装饰艺术风格

源自法国，有些人认为是新艺术运动的延续，将传统与时代联系起来，追求奢华感与装饰性，用新材料新技术来表现古典美。代表人物及其作品有：

艾琳·格雷（Eileen Gray）。代表作品有蛇椅等（图2-52）。

鲁尔曼（Ruhlmann，Jacques-Emile）。追求舒适与奢华，以新古典主义为主要设计基础，部分作品还带有东方风格（图2-53）。

图2-52　艾琳·格雷的蛇椅　　　　图2-53　鲁尔曼的圆桌

5）北欧风格

以丹麦、瑞典、芬兰这三个斯堪的纳维亚半岛的国家为代表，强调现代美学与传统工艺的结合；使用传统手工艺与天然材料，大量使用弯木技术与模压技术；有强烈的"人情化"倾向，作品追求舒适、耐用、温馨。代表人物及其作品有：

阿尔瓦·阿尔托（Alvar Alto）。芬兰家具设计的杰出代表。提倡家具应该满足功能与心理的双重需要。偏爱木质家具，擅长使用木材来表现设计，尤其是用模压胶合板来创造轻盈、舒适、雅致的家具。代表作品有培妙椅、扇形凳等（图 2-54）。

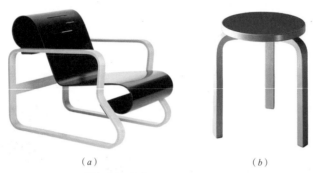

（a）　　　　　　　　　　　（b）

图 2-54　阿尔瓦·阿尔托的家具
（a）阿尔托的培妙椅；（b）阿尔托的扇形凳

（3）发展时期（公元 1945 年～ 20 世纪 70 年代）

第二次世界大战之后百废待兴，科技得到迅猛的发展，新材料与新技术突破式地发展，现代家具也日益趋向成熟。

1）美国现代家具

美国由于远离战争地区而吸引了大量欧洲的杰出艺术家与设计师，也把现代思潮带到了美国并在这里生根发芽、茁壮成长。采用了新材料（玻璃钢、塑料等）、新构思（概念）、新工艺。代表人物及其作品有：

查尔斯·艾姆斯（Charles Eames）。代表作品有钢丝椅、压型胶合板椅、金属脚架躺椅（图 2-55）等。

（a）　　　　　　　　　　（b）　　　　　　　　　　（c）

图 2-55　查尔斯·艾姆斯的家具
（a）金属脚架躺椅；（b）压型胶合板椅；（c）金属脚架躺椅

艾罗·萨里宁（Eero Saarineh）。代表作品有子宫椅（胎椅）、杯椅等（图 2-56）。

2）意大利现代家具

意大利有着悠久的历史，第二次世界大战后的家具设计虽根植于其悠久的文化，被称为"现代文艺复兴"，但在形式上做了大胆的创新，其造型奇特、色彩丰富。代表人物及其作品有：

(a)   (b)

图2-56　艾罗·萨里宁的
(a) 子宫椅；(b) 杯椅

　　吉奥·旁梯 (Gio Ponti)。有"现代建筑之父"之称，他认为设计应尊重传统技术、运用现代技术并发挥创造力。代表作品有轻体椅 (DOMUS)、梳妆台等 (图2-57)。

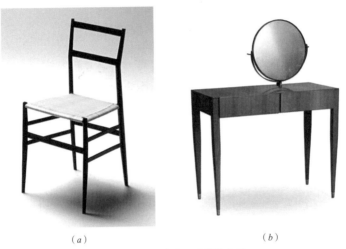

(a)   (b)

图2-57　吉奥·旁梯的家具
(a) 轻体椅（DOMUS）；(b) 梳妆台

3）法国现代家具

倡导新材料、新造型，并融合了北欧家具的"人情味"。代表人物及其作品有：

帕乌林·皮雷 (Paulin Piere)。代表作品有带行椅等 (图2-58)。

欧立夫·穆尔格 (Olivier Mourgue)。代表作品有人形椅等 (图2-59)。

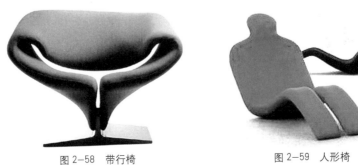

图2-58　带行椅   图2-59　人形椅

4）北欧现代家具

代表人物及其作品有：

汉斯·瓦格纳(Hans Wegner)。丹麦家具设计的领军人物。注重家具的舒适性、美观性、牢固度、安全性的结合。他致力于传统与现代的结合，重视对木材质感的体现，潜心研究中国传统家具，并模仿明式家具创造了一系列作品（图 2-60）。

图 2-60　汉斯·瓦格纳的中国椅

阿尼·雅哥布森（Arne Jacobsen）。追求精致典雅，采用最新的技术，其作品大都为特定的建筑与室内空间而设计，强调与空间环境的融合（图 2-61 天鹅椅）。

潘顿·威尔纳（Panton Werner）。探索新材料，尤其是对玻璃钢的应用，如极具雕塑感与丰富色彩的 S 形椅（图 2-62）。此外他在家具力学结构上的研究与形式上的创新也造就了一批优秀家具，如点状支撑椅。

5）英国现代家具

二战后，受到美国家具与北欧家具的影响，崇尚轻盈、简捷与流畅的风格。代表人物及其作品有：

恩内斯特·雷斯（Erenest Race）。代表作品是钢与胶合板结合的羚羊椅（图 2-63）。

罗宾·戴（Robin Day）。代表作品是采用聚丙烯材料制作的椅子（图 2-64）

6）日本现代家具

继承并发扬了本国与本民族的传统，并与世界潮流相融合，其设计的发展非常值得我国借

图 2-61　雅哥布森的天鹅椅

图 2-62　威尔纳 S 形椅

图 2-63　雷斯的羚羊椅

图 2-64　罗宾·戴的塑料椅　　　　图 2-65　剑持勇的藤椅　　　　图 2-66　柳宗理的蝴蝶椅

鉴学习。注重功能与技术的结合，注重材质，尤其是木材的使用。代表人物及其作品有：

剑持勇。代表作品有藤椅等（图 2-65）。

柳宗理。代表作品有蝴蝶椅等（图 2-66）。

（4）多元时期（20 世纪 70 年代后）

20 世纪 70 年代后，设计走向了多元化。由于社会的快速发展，人们的物质生活水平得到了较大的提高，人们的需求开始向更个性化转变，为顺应这一趋势就必须采用多样化的道路。这一时期出现了如高技派、波普艺术、欧普艺术、后现代主义等各类流派与风格。

1）高技派

重视技术与时代感，力求用新材料、精细的结构与加工工艺来表现工业艺术。代表人物及其作品有：

马里奥·博塔（Mario Botta）。代表作品有钢板网椅（图 2-67）。

2）波普艺术

追求标新立异，力求表现自我。追求大众化、年轻化、商业化与可大量复制的艺术。代表人物及其作品有：

帕斯（Jonathan De Pas）。代表作品有击球手椅（图 2-68）。

3）欧普艺术

又称光学艺术，是利用视觉错觉来表现的艺术风格。喜用艳丽的色彩创造动感的效果。代表人物及其作品有：

彼得·穆多什（Peter Murdoth）。代表作品有儿童椅（图 2-69）。

4）后现代主义

批判功能主义的过于理性化及缺乏人情化，崇尚个性发展，把抽象艺术与大众化的写实艺术相结合。代表人物及其作品有：

波得·奥泼斯维克（Peter Opsvik）。代表作品有平衡二级椅等（图 2-70）。

阿莱桑德罗·曼迪尼（Alessandro Mendini）。代表作品有普鲁斯特椅等（图 2-71）。

苏珊·哥尔顿（Susan Golden）。代表作品有飞镖椅等（图 2-72）。

汉斯·霍丽因（Hans Hollein）。代表作品有玛丽莲沙发等（图 2-73）。

格雷夫斯（Michael Graves）。代表作品有艺术装饰椅等（图 2-74）。

图 2-67　马里奥·博塔的钢板网椅

图 2-68　帕斯的击球手椅

图 2-69　彼得·穆多什的儿童椅

图 2-70　奥泼斯维克的平衡二级椅

图 2-71　曼迪尼的普鲁斯特椅

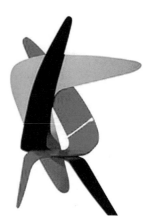

图 2-72　哥尔顿的飞镖椅

图 2-73　汉斯·霍丽因的玛丽莲沙发

图 2-74　格雷夫斯的艺术装饰椅

2.2.5　当代家具

在当代社会，人的身体生理状况、生活习惯、起居环境等都发生了很大变化，人们的文化修养和审美情趣也与过去有很大不同。传统家具只有创新，才能适应现代人新的生活需要和审美要求。创新最需要解决的不是方法和技术，而是思想，即知识、文化、技术到审美感受等综合之后的结晶与升华（图 2-75）。

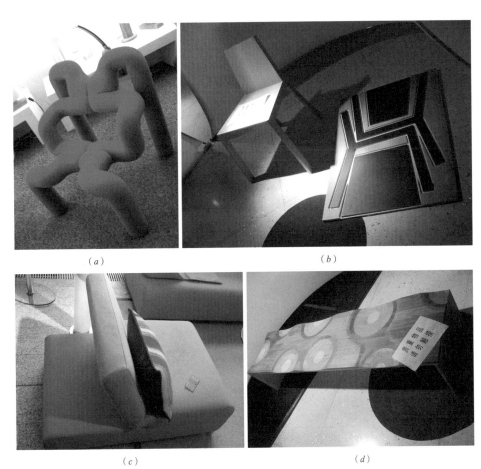

图 2-75　各式当代家具

(a) 线型沙发 ; (b) 预制拼接座椅 ; (c) 可调节靠背角度的沙发 ; (d) 长条桌

代表人物 :

(1) 威廉·萨瓦亚

威廉·萨瓦亚 (William Sawaya) ,1948 年生于黎巴嫩贝鲁特, 他从音乐、阅读、旅行各个方面激发创作灵感, 并将他的设计扩展到法国、意大利、希腊、美国和日本多个国家。1984 年,他与 Paolo Moroni 一起成立了 Sawaya & Moroni 家具公司。他还为 1999 年第三次女足世界杯设计了奖杯。他的作品频繁出现在多家知名建筑杂志, 并且在诸多博物馆、城市建筑以及私人会所里都能看到他的杰作。

代表作品 :"巴蒂·迪夫萨"扶手椅 (图 2-76)。

(2) 约里奥·库卡波罗

约里奥·库卡波罗 (Yrjo Kukkapuro) ,1933 年出生于维堡, 被誉为当代最伟大的天才设计大师。20 世纪 90 年代, 他不远万里从欧洲来到中国, 被东方的悠久文化所吸引, 惊叹东方时尚美的神韵。库卡波罗的设计风格被誉为简洁、现代、时尚、前卫 ; 这种风格正是当代简约时尚主义设计的精髓所在。库卡波罗认为 : 如果一件产品的功能达到了百分百的满足, 那么它同时也就具备了美学价值。

代表作品 :"巴黎"钢制桌案 (图 2-77)。

图 2-76 "巴蒂·迪夫萨"扶手椅　　　　图 2-77 "巴黎"钢制桌案

作业二 室内家具风格样式抄绘

作业标题：

各时期家具风格样式抄绘。

作业形式：

A3 或 A4 白纸，徒手墨线绘制。

作业要求：

1. 小组形式，小组选择某一历史阶段家具，个人抄绘该历史阶段某一时期（风格）家具，家具有设计者或名称的需注明，每人抄绘家具 6～8 个，不可重复；

2. 标准图框，标题栏中注明图名（家具样式抄绘——xx 风格（样式、时期））、班级、姓名、日期、小组名。

评分标准：

室内家具风格样式抄绘评分标准		
序号	标准	分项分值
1	图纸洁净，没有涂改和破损	10
2	制图规范	20
3	图个数符合规定要求	15
4	形体准确、线条平滑	15
5	注释详细	10
6	按时完成	30
总计		100

小结评语：

通过本节学习，结合作业训练，使学生了解室内家具的发展历史，掌握各历史时期家具的特色、代表人物及代表作品，熟悉明清家具、巴洛克与洛可可家具的区别与联系，掌握室内家具的功能与作用，熟悉室内家具的分类，掌握室内家具的布置方式。培养学生具有初步辨析各风格家具的能力。

2.3 室内陈设与家具

要营造一个良好的室内环境是一个系统的工程，除了空间的塑造与构建、各界面的处理、家具的选用外，还要有协调的陈设品的搭配，其中任何一个环节都不可或缺。家具使空间有了定义，而陈设更丰富了这个定义的内涵，使之更有人情味。好的陈设不仅是美的享受，更是心灵的寄托，不仅满足人的感官需求，更满足人们精神、心理的需求。

2.3.1 室内陈设的定义、地位与作用

（1）定义：指陈列、摆设，俗称软装饰。陈设既可以依附于家具成为家具上的摆设，也可以独立存在与家具一起作用来确定空间功能、装饰空间环境。

（2）地位：是室内空间环境的重要组成部分，与家具共同作用使室内功能与价值产生具体意义。它是反映人对空间使用的重要证据，并体现了使用者、设计者的个性。所以，陈设对室内环境的影响巨大。

（3）作用：

1）确定室内功能。陈设品与家具一样具有很强的辨识性，能提升室内功能，进一步明确空间用途。如图2-78所示，电话造型的标识牌让空间功能一目了然。

2）强化空间风格。陈设品本身具有一定的风格特征，选用合适的陈设品能够进一步突出和强化室内空间的风格。如图2-79所示，墙面上挂着的绘画、服饰的镜框、灯笼具有非常强烈的日式特征，从而进一步加强了该空间的日式风格。

3）渲染环境气氛。不同的陈设品会给空间渲染不同的气氛，或清新,或庄重,或热烈,或轻松,或沉重。如图2-80所示，扇子、鸟笼、陶瓷等中式摆设、挂件不仅突出了空间的现代中式传统韵味，还使空间增添了雅致、恬静的气质。

4）反映地域特征。陈设品自身的形式与风格体现了地域文化的特征与民族特性,如图2-81所示的靠枕、桌布与屏风、座椅等家具共同作用一起反映了强烈的印度特色。由此可见，需要空间突显地方特色与民族特性时，可以通过陈设设计来表现。

5）调节环境色彩。陈设品是室内环境色调构成的重要因素，它可以打破沉闷，增加活力与视觉的冲击，成为环境中的亮点，但又能保持空间整体色调的协调统一，达到小对比大调和的空间色彩处理原则。如图2-82所示，红色的油画与靠垫与周边事物产生强对比，使原本沉

图2-78 辨识性设计

图2-79 日式风格空间

图2-80 现代中式风格空间

闷的空间充满活力。

6）凸显个人情趣。对陈设品的选择明显地表现出选择者的个性、审美情趣、文化修养，甚至是年龄大小和职业特点等，是一种人心理及精神层面的反映。合适的陈设品同样能够陶冶情操，产生心灵上的愉悦。如图2-83所示，来自不同地域的陈设品与环境很好地融合在一起，体现了主人的品位修养。

图2-81　印度风格空间

图2-82　红色装饰物点缀空间

图2-83　陈设与空间完美融合

2.3.2　室内陈设的分类

按陈设品的性质可以分为两大类：

一是功能性陈设。如家具、灯具、家电、器皿、织物等，以实用功能为主，同时形式上也具有良好的装饰效果，既是日用品也能美化空间环境。

二是装饰性陈设。如艺术品、工艺品、纪念品等。是纯观赏性物品，部分兼具实用性，为满足视觉上乃至精神层面上的需求而设置，陶冶情操，增加情趣。

（1）功能性陈设

1）灯具

灯具是室内空间环境的重要组成部分，不仅给空间带来人工照明，产生的光源的色彩还能营造氛围，灯具的造型更能装饰美化空间环境（图2-84）。

灯具按空间位置可以分为吊灯、吸顶灯、台灯、落地灯、壁灯、射灯等，按照明方式可以分为整体照明、区域照明与重点照明。吊灯、吸顶灯属于整体照明，能照亮整个空间环境；落地灯、台灯、壁灯属于区域照明，能照亮某个区域，营造特定的氛围；射灯属于重点照明，能照亮某一点或某个物体，能达到特殊的效果。

选择灯具需要考虑功能用途的需求，光色效应的影响，造型样式的协调等因素。

功能用途的需求。不同的功能空间对照度的要求不同，如商场、办公室、阅览室（图2-85）、家庭客厅等对环境照度要求较高的空间，选择的灯具应该具有明亮的光线；餐厅、酒吧（图2-86）、家庭卧室等对环境照度要求适中的空间，选择的灯具应该具有柔和的光线；公共走道、展览空间（图2-87）、家庭阳台等对环境照度要求较低的空间，选择的灯具应该暗一些。除了对照度的需求外，灯具产生的光还具有提醒、引导、指示的作用，如公共空间走道上的逃生照明灯，大型综合空间中指示厕所、楼梯、电梯等方位的灯具（图2-88）。

图 2-84　灯具美化空间环境

图 2-85　阅览室照明设计

图 2-86　餐饮光照设计

图 2-87　展览光照设计

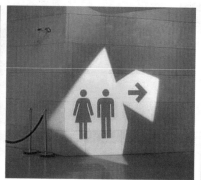
图 2-88　指示设计

图 2-89　光色点缀空间

　　光色效应的影响。光的颜色对环境有直接的影响，如柔和的暖色光给人亲切温暖等感受，而冷色光给人静怡、神秘等感受，灯具光色的选择应该充分考虑对环境色彩、功能与氛围营造的作用。光色能丰富视觉效果，如图 2-89 所示，灯具所发出的绚烂光色装点了空间环境；其营造的特定氛围会影响空间使用者的情绪心理，如图 2-90 所示，美术馆中设置的蓝色光给人沉静、神秘的感受，营造了良好的观展氛围；光色还具有不同的功能，能突出被照物品，加强其特性，如图 2-91 所示，面包店通过用强烈的金黄色光照射在面包上来增加人们对面包的食欲，再如钻石与铂金饰品柜针对饰品的特点用亮蓝白色光来增加饰品的成色。

　　造型样式的协调。灯具的体量、外形、风格样式应与整体环境相协调来营造和谐的氛围。灯具的体量与外形应与空间体量保持一致，小型简洁灯具用于小型空间，而大型复杂灯具用于大型空间，长形灯具用于高直空间等，如图 2-92 所示，某公共空间有一贯穿数楼的长条形中庭，在此高直的中庭中设置了与其体量与形状一致的长串吊灯。灯具的风格样式应与空间风格保持一致，中式空间中常使用传统宫灯造型灯具，日式空间中常使用和式灯具，特定的空间会用特定的灯具样式来体现，有些灯具造型本身还有一定的趣味性，增加了活力。

　　2）织物

　　织物是室内陈设的重要组成部分，随着社会的不断发展，物质文化水平的日益提高，织物以其独特的质感、丰富的图案与色彩以及带给室内空间的自然、亲切和轻松，越来越受到人们

图 2-90　美术馆光色设计　　　　　　图 2-91　面包店光色设计　　　　　　图 2-92　中庭中的长串吊灯

的喜爱。它包括地毯、壁毯、墙布、桌布、顶棚织物、帷幔窗帘、蒙面织物、坐垫靠垫、床上用品等，既有实用性，又有很强的装饰性（图 2-93）。

织物的选择要考虑多种因素：

满足使用功能需求。不同功能的空间要选择不同功能的织物，在熟悉掌握织物性能的前提下充分发挥织物本身的特长，比如对耐磨、吸声、隔声性能的要求。同时织物还能与家具配合使用，起到分隔和组织室内空间的作用（图 2-94）。

与空间环境的协调。考虑到室内环境的整体性，需要在风格样式、体量、色彩等方面与室内环境保持协调。织物的风格样式需要与整体环境的风格样式协调，当然如果处理得好，混搭不仅能保持协调还能造成特别的艺术效果，如图 2-95 所示，传统日式的窗帘、现代北欧式样的地毯、西方古典式样的床上用品、传统中式柜、东南亚风格的桌布融合在一起，凸显了主人的品位。织物的图案与纹样的尺度要和空间的尺度相适应，小空间宜用简单与细小的图案，大空间宜用复杂而宽大的图案。织物色彩不宜过多、过杂，尤其是对于小面积的空间，织物的色彩要根据整个室内的效果而定，否则易造成视觉上的混乱，织物色彩应与环境协调，构成基调与主调。如图 2-96 所示，沙发的蒙面材料、靠垫与地毯在色彩上与图案上与环境取得了统一感。

图 2-93　织物　　　　　　　　图 2-94　分隔和组织空间的纱帘

图 2-95　织物的混搭　　　　　　　　　　图 2-96　织物与环境的协调

　　满足不同的气氛和格调。合适的织物选用能辅助设计营造并渲染环境气氛，如图 2-97 所示，以电影《意乱情迷》为主题的卧室设计，其帷幔、床上同品、蒙面材料无不凸显了这一主题。

　　满足经济需求。织物的选用还得考虑经济方面的需求，不能喧宾夺主。

　　①地毯

　　地毯由于其质地柔软、富有弹性、触觉良好、保暖吸声等特性而成为室内空间良好的铺地织物。地毯的选择应与室内陈设的风格统一协调，起到烘托空间气氛的作用，其色彩、图案、纹样、尺度应满足陈设综合构图和色彩的需要，不宜太杂太花。地毯的铺设可采用满铺和局部铺设两种形式。满铺气派较大，使用舒适，但造价高；局部铺设更为常用，如图 2-98 地毯、家具形成了空间中心。

　　②窗帘帷幔

　　窗帘、帷幔是室内空间最重要的织物陈设之一。它有很强的使用功能，具有分隔空间、避免干扰、调节室内光线、冬日保暖、夏日遮阳等作用，故需要考虑其适用性、耐久性、耐光、耐脏等要求。同时它又有很强的装饰效果，能调节室内色彩，增加空间情趣。如图 2-99 所示，设置了窗帘的左图与右图相比不仅遮盖了原有杂乱的窗户布局，而且丰富了室内空间构图，增加了室内艺术气氛。

　　窗帘按质地可分为纱帘、绸帘、棉麻帘、布帘、呢帘、尼龙帘、珠帘、线帘、合成树脂

图 2-97　电影题材卧室的织物设计　　　　　图 2-98　地毯和家具限定空间

图 2-99　有无窗帘帷幔的空间对比

帘等种类。窗帘按式样可分为平拉、波浪、挽结和上下开启式等（图 2-100），罗马帘常用于西式传统风格的空间，风琴帘多见于现代简约风格的空间，而珠帘、线帘常用于分隔空间（图 2-101）。

平拉式

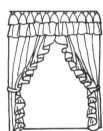
波浪式

挽结

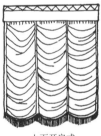
上下开启式

图 2-100　几种基本的窗帘式样

图 2-101　线帘分隔空间

窗帘的选用需要考虑其式样、尺度、色彩、图案、质感等如何与空间环境取得协调。如窗帘的色彩要考虑与空间环境色彩、所处气候区、采光等因素的协调；窗帘的尺度宜与空间尺度统一；窗帘的样式应与环境气氛与风格统一；窗帘的图案与质感与空间环境协调，如横向图案使空间变宽，纵向图案使空间升高，小图案使空间扩大，大图案使空间缩小，质地粗糙的拉近空间距离，质地光滑的有空间退后的感觉。

③床幔

床幔是床的一部分。可以用于划分睡眠区，营造良好的睡眠氛围，利于快速进入梦乡；可以增添卧室的美感与柔和的气氛，调节卧室的环境色彩（图 2-102）。宜使用垂顺的材料。

（a） （b） （c）

图 2-102 卧室的色彩调节

（a）纯净的白色床幔；（b）冷静清爽的蓝色床幔；（c）神秘深邃的深蓝色床幔

④其他织物

覆盖、包裹物。床、沙发、桌等家具的表面覆盖材料,包括沙发套、沙发披巾、桌（台、柜）布、床单、床罩、电视机罩等。一方面这些覆盖物具有显著的使用功能,保护家具不受污损；另一方面这些覆盖物与家具本身的材料、造型、色彩相协调营造不同的环境气氛,或奢华,或柔美,或清新,或典雅（图 2-103）,或庄重,或俏皮（图 2-104 中椅腿包裹物）。其质地和花色应以不掩盖家具本身所具有的装饰美为原则。

壁挂。为室内增添艺术气息、地域文化特色（图 2-105）。

图 2-103 典雅的卧室设计　　　　图 2-104 椅腿设计　　图 2-105 民族特色的壁挂

坐、靠垫。为空间点缀色彩,丰富艺术效果,并且给人提供舒适、惬意的感受（图 2-106）。

3）电器用品

如今的家用电器不仅使用愈加便利、愈加高科技,且外观造型、色彩与质地的设计愈加精美,本身就具有很好的陈设效果。其选择以使用功能为主,然后选择合适的造型、色彩以取得室内的艺术效果。如图 2-107 所示,木桩式的音响给空间带来自然恬静的氛围。

4）书籍杂志

书籍,既有实用价值,又可使空间增添书香气,营造学习、阅读的气氛,显示主人的高雅。书籍杂志在图书馆、阅览室、办公室、书房等空间中更是主要的陈设品。书籍的色彩丰富,可

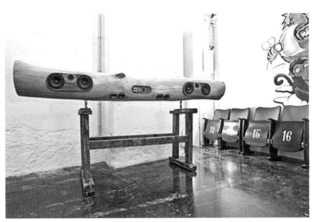

图 2—106　靠垫设计　　　　　　图 2—107　木桩形态的音响设计

装点室内环境；书籍的摆放一般采用规整排列的方法，以立放为主，但偶尔的杂乱会显得生动，也可与古玩、植物、纪念品等穿插陈列以增强室内的文化品位（图 2—108）。

5）生活器皿

生活器皿有玻璃、陶瓷、金属、塑料、木材、竹子等各类材料，其造型与色彩多样，能产生出不同的装饰效果。通常摆设在书桌、台子、茶几及开敞式柜架上，也可直接放置在地面上，可成套摆设，也可单件摆设，摆设时应注意构图均匀、高低错落有致，不要过于分散，以聚为主，聚中有分，分中有聚，使日用品的陈设富于艺术性（图 2—109）。

6）文体用品

文体用品包括文具、乐器、体育器械、天文望远镜等。文具如笔筒、笔架、文具盒、记事本等，常见于书房与办公室，增加空间环境的高雅；乐器常见于客厅、卧室等居住空间，增加空间环境的艺术气息；体育器械如各种球拍、球类、健身器材等常见于休息、娱乐室，增加空间环境的生机与活力（图 2—110）。

图 2—108　书籍杂志陈设　　　　　图 2—109　错落有致的器皿　　　　　图 2—110　乐器装饰墙壁

图 2-111　CD 架设计

图 2-112　挂钩设计

7）其他

如化妆品、食品、时钟、CD 架（图 2-111）、挂钩（图 2-112）等。

（2）装饰性陈设

装饰性陈设是指本身没有什么实用性，纯粹作为观赏的陈设品，能丰富视觉效果，装饰美化室内环境，具有一定的艺术价值。其造型、尺度、色彩、质感等因素应与空间环境、体量与氛围相呼应。宜少量布置，安放在较醒目的位置，在光线的照射下，起到画龙点睛的作用。

1）艺术品

如书法、绘画、雕塑、摄影等。可增加空间环境的艺术气息，渲染清新高雅的氛围（图 2-113）。

2）工艺品

如陶瓷、青铜器、玉器、漆器、竹木牙雕、扎染、蜡染、布贴、剪纸、刺绣等，能营造文化氛围（图 2-114）。

3）纪念品与收藏品

纪念品如祖先的遗物、亲朋好友的馈赠、获奖证书、奖杯、奖章、婚嫁生日赠送的纪念物及外出旅游带回的纪念品等。对于空间的使用者具有强烈的纪念意义，增加亲切、怀旧的气息，同时又装点了空间环境。收藏品如古玩、钱币、邮票、门票、火花、钟表等。其最能体现收藏者的个人兴趣、爱好和修养，可以营造特定的氛围。纪念品与收藏品一般用博古架、壁龛、展示箱柜、镜框等家具陈设陈列（图 2-115）。

图 2-113　绘画艺术品

图 2-114　工艺品陈设

图 2-115　壁龛设计

图 2-116　动物标本陈设

4) 观赏性动植物

观赏性动植物与人类共同生活，其外形与生命力赋予其灵性和美感，也给人类带来丰富的感官享受，同时能舒缓身心，带来愉悦，陶冶情操，是绝佳的陈设物。

观赏性动物以鸟类、鱼类、昆虫等为主。鸟儿的悦耳叫声使人恍如置身大自然，鱼儿的游弋身形使室内环境增加生机与灵动。与鸟笼、鱼缸等装载动物的容器共同作用，装点空间、分隔空间。还可采用动物标本作为空间的主要陈设品，如西方、北美就有把狩猎的猎物制成标本置于空间的习惯（图 2-116）。

观赏性植物如各式盆景、盆栽、瓶插等。不仅给人带来十足的生活气息，美化空间，使人怡情悦目；还能柔化空间形态、分隔、限定空间，扩展空间体量；并且还具有净化室内空气、舒缓视觉疲劳的作用（图 2-117）。

2.3.3　室内陈设的选择原则

（1）需满足使用功能

陈设品的选用需要满足各类使用功能，注重其实用性。如其材质的耐磨损、耐脏、易清洗、不易褪色、隔声、吸声等，如其整体的分隔、限定空间的功能等。

（2）陈设品的造型、尺寸、色彩、材质需与空间的风格、尺度、色调、肌理相协调

陈设品的风格应以室内原有设计风格为主要依据，当然在风格不明显的室内空间中，陈设品风格的选择余地就较大，尽可能将不同风格的陈设品有序地组织起来（图 2-118）。陈设品的尺寸应与空间体量一致，取得视觉上的和谐（图 2-119）。陈设品的色彩是构成室内空间色调的主要因素，它对调节室内空间色彩具有关键的作用，可以采用的方法如：色相基本一致，明度适当对比；色相略有区别，明度保持一致；色相、明度都一致（图 2-120）。陈设品的材质由纹理、图案、质地等构成，能带给人丰富的感受，如细腻、粗糙、疏松、坚实、圆润、舒展、

图 2-117　观赏性植物

图 2-118　陈设品混搭风格

图 2-119　陈设品尺寸与空间相适应

图 2-120　陈设品色彩与空间相契合　　　图 2-121　不同质感、纹理的陈设品　　　图 2-122　竹藤制床头柜

紧密等感受，通过选用来适应空间环境的特定要求，提高整体效果（图 2-121）。

（3）需满足使用者生理与心理需求

1）需要考虑触感问题。在选择与身体有密切接触的织物、生活器皿、工艺品等时，应避免生硬、冷冰、尖锐以及过分光滑或过分粗糙的触觉。

2）需要考虑光照与光色问题。光照的强弱应适合房间照明的需要，过强或过弱，都会给视觉和心理带来不良的影响。光色应与环境气氛相一致。

3）需要考虑心理问题。满足使用者对色彩、样式、材料等方面的偏好，同时兼顾个性与共性的需要。

（4）需满足经济条件

陈设品的选用与空间的整体投资相对应，投资大的可选用昂贵的陈设品，投资小的可选用经济的陈设品甚至仿制品。当然通过精心的挑选乃至一定的自行加工制作，合适的低成本的陈设品也会带来非常好的效果。

（5）需满足时代的需要

重视陈设品的材质和工艺，可选用更加自然、环保、低碳、生态的产品。更加富有个性化与设计感，符合时代审美的需求（图 2-122）。

2.3.4　室内陈设的陈列方式

（1）陈设品陈列原则

1）与室内功能相一致。陈列方式应与空间环境的功能相一致，避免冲突而失去实用性。

2）与环境氛围相协调。陈列方式应与空间格调及所营造的氛围相协调，可以与家具、周边环境有一定的对比及有规律的变化，但应保持整体环境的统一。

3）与空间关系相适应。陈列方式应与空间的形状、体量相适应，陈列品不宜过多过满，宜留出足够的活动空间，保持空间的流畅。应主次分明，避免杂乱无章。

4）与观赏方式相对应。陈列方式应与人们的观赏方式、习惯等相对应，如墙面挂画的高度应略高于人的视线高，再如古玩的陈列不宜过深、过高，以伸手能触摸到的高度为宜。

  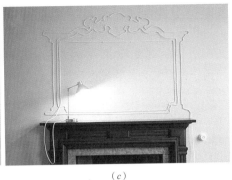

（ａ）   （ｂ）   （ｃ）

图 2—123　墙面陈列设计

（ａ）垂吊的植物；（ｂ）　壁挂鱼缸；（ｃ）电线的装饰设计

5）多种陈列方式相搭配。各种陈列方式的组合、搭配能更加丰富空间与视觉效果。

（2）陈列方式

不同的陈设品有不同的陈列方式，当然也有些陈设品可以有多种陈列方式，形成不同的效果。陈列方式有墙面陈列、台面陈列、橱架陈列、空间陈列等方式。

1）墙面陈列

指将陈设品钉挂、黏贴在墙面上的陈列方式。通常以平面形式的物品居多，也有立体形式的陈列品，陈列品有书画、织物、挂盘、各材质版雕、工艺品、照片、纪念品、收藏品、乐器、钟表、服饰、动物标本，乃至电线等（图 2—123）。陈设品可单独陈列，也可成组陈列，需根据空间环境的特征及自身的特点进行布局，陈列时需注意以下几点：

整体构图关系。整体构图关系与陈设品的陈列位置、空间整体形式、墙面及靠墙家具的高度、造型、色彩有紧密的关系，要注意构图的均衡（图 2—124）。

陈设品自身构图关系。对于成组布置的陈设品，其构图、组合需与整体环境协调。其构图与组合有多种方式，有水平线、垂直线、斜线、矩形、三角形、菱形等组合形式（图 2—125），单体在组合中充满变化，形成不同的效果，或严谨，或自由，或规整，或律动（图 2—126）。

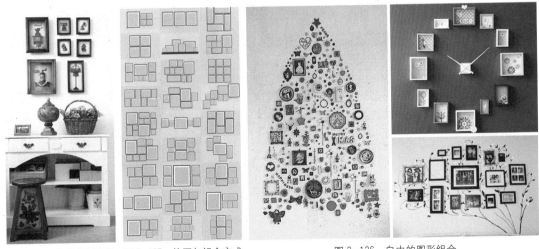

图 2—124　均衡构图参考　　图 2—125　构图与组合方式　　图 2—126　自由的图形组合

2）台面陈列

陈设品陈列在水平的台面上的方式。台面陈列是最为常用、丰富、范围广的陈列方式。台面包括书桌、餐桌、边桌、梳妆台、茶几、餐边柜、床头柜、厨房案台、窗台、浴缸台面（图2-127）等。而用于台面陈列的陈设品不计其数，种类繁多，几乎所有的陈设品都可以用于台面陈列。因此台面陈列切不可杂乱，需要注意搭配及整体效果，陈列时需要注意：

功能对应。陈设品须与承载它的家具功能对应起来。如餐桌上的陈设品有餐具、植物、水果、食物、烛台等，餐具不仅是进食的必要工具，还具有强烈的装饰性与艺术美感（图2-128）；茶几上的有食物、植物、茶具等（图2-129）；边桌上有艺术品、植物、纪念品、工艺品等（图2-130）；厨房案台上有厨具、餐具、植物等（图2-131）；书桌上有文具、书籍、植物、工艺品、艺术品等（图2-132）；床头柜上有闹钟、书籍、植物、饰品等；电视柜上有电器、杂志、工艺品等。

构图合理。陈设品可单独布置，但更多的是成组布置，因此陈设品的组合需要注意构图的合理性，高低错落、大小搭配、直曲结合，形成丰富的视觉效果，同时要保持均衡与稳定，组合形式常采用不规则三角形、矩形、水平线等构图方式。

搭配得当。陈设品色彩丰富、造型各异、大小不一、材质不同，要注意相互之间的关系。如色彩不宜过多，有主有次才不显得晃眼（图2-133）；造型以规整为主，适当加入不规则线条来增加活力与灵动（图2-134）；尺度上一方面与承载的家具协调，另一方面组合中要突出主体（图2-135）；材质上要注意轻重、粗细的搭配（图2-136）；总之要遵守变化统一的原则。

图2-127　浴缸台面

图2-128　餐桌陈设

图2-129　茶几上的茶具

图2-130　边桌上的陈设

图2-131　厨房案台

图2-132　书桌上的陈设

图 2-133　紫色调陈设搭配

图 2-134　灵动的线条点缀

图 2-135　陈设与承载家具
的协调

图 2-136　材质轻重与粗细的搭配

图 2-137　陈设柜

图 2-138　搁板架

　　3）橱、柜、架陈列

　　是将陈设品集中放置在橱、柜、架等储藏类家具中的陈列方式。与储藏类家具共同作用，既使空间更加规整、有序，又使空间增加了装饰性，还能更好地保护陈设品（图 2-137）。这些家具可靠墙布置，也可抛于空间中（图 2-138），还可采用壁龛的方式（图 2-139）。橱、柜、架陈列需注意：

　　造型、风格、色彩的协调。陈设品需与其承载家具在色调上、风格样式上、形态造型上协调。如古玩、传统艺术品宜陈列在色彩深沉的博古架等古典风格的家具中，而时尚纪念品、电器、CD 等宜陈列在现代简约的家具中（图 2-140）。

　　环境整体的统一。陈设品除了需与家具保持协调外，还需作为一个整体与空间环境保持统一（图 2-141）。

　　4）其他陈列

　　除上述陈列方式外，还有堆放、悬吊等陈列方式。

　　堆放陈列。即直接陈列于地面的方式，常用于大型陈设品，如大型雕塑、落地灯、音响、大型镜框、植物等（图 2-142）。该方式随意、轻松，但比较占用空间，不适用于局促空间中。

　　悬挂陈列。即悬挂在空中或构件上的陈列方式，如吊灯、窗幔、植物等（图 2-143）。该方式充分利用空间，增加层次感。

图 2-139　壁龛　　　　　图 2-140　现代简约的置物架　　　　图 2-141　陈设与空间环境统一

图 2-142　大型陈设品堆放陈列

图 2-143　植物悬挂陈列

作业三　室内陈设配置

作业标题：

指定室内空间陈设配置。

作业形式：

PPT汇报。

作业要求：

1. 小组完成，每个空间都需注明陈设所在位置，每个陈设都需有示意照片，附相应文字说明；

2. 汇报详尽，描述全面，说明各自特征。

评分标准：

序号	分项	总分	分项标准	分项分值
		室内陈设配置评分标准		
1	汇报	40	项目陈述流畅	20
2			问题解答清晰	10
3			与小组成员协同合作默契	10
4	内容	60	PPT编排精良	10
5			选用照片风格明确并能相互对应	20
6			照片与文字齐全	15
7			想法鲜明、创意丰富	15
	总计	100		100

小结评语：

通过本节学习，结合作业训练，使学生了解室内陈设的定义、地位与作用，掌握室内陈设的分类及各自特征，掌握室内陈设的选用原则与陈设方式，培养学生具有针对指定空间与环境进行陈设选用与搭配的能力。

3

模块三　家具与人体工程学

教学目的：

1. 了解人体工程学的发展历史与基本内容。

2. 理解人体工程学与家具设计的密切联系。

3. 熟悉各类家具的基本尺寸与选用原则。

所需课时：

8 ～ 12

自学学时：

8 ～ 12

推荐读物：

1. 刘昱初，程正渭. 人体工程学与室内设计 [M]. 北京：中国电力出版社，2013.

2. 刘峰. 人体工程学设计与应用 [M]. 沈阳：辽宁美术出版社，2007.

3. 张月. 室内人体工程学（第二版）[M]. 北京：中国建筑工业出版社，2005.

4. 章曲，谷林. 人体工程学 [M]. 北京：北京理工大学出版社，2009.

5. 刘盛璜. 人体工程学与室内设计 [M]. 北京：中国建筑工业出版社，2005.

6. 李文彬. 建筑室内与家具设计人体工程学 [M]. 北京：中国林业出版社，2012.

7.GB 10000—88，中国成年人人体尺寸 [S]

8.GB/T 13547—92，工作空间人体尺寸 [S]

9.GB/T 3975—1983，人体测量术语 [S]

10.GB/T 5703—1984，人体测量方法 [S]

11.GB/T 5703—1999，用于技术设计的人体测量基础项目 [S]

12.GB/T 12985—91，在产品设计中应用人体尺寸百分位数的通则 [S]

重点知识：

1. 各类家具的尺寸及与人体工程学的关联。

2. 家具尺寸的选用原则——百分位原则。

3. 人体感觉系统知识在设计上的应用。

难点知识：

1. 人体尺寸在设计中的应用。

2. 舒适度、效率在家具设计中的体现。

3.1 人体工程学概述

人体工程学（Ergonomics），1857 年波兰科学家雅斯特莱鲍夫斯基提出。源自希腊语，意为工作。Ergos 为工作、劳动、效果之意，nomes 为规律之意。

3.1.1 定义

人体工程学也称人类工效学、工效学、人类工程学、人机工程学、工程心理学等，人体工程学这一名称在我国被广为认知，故本书采用这一称呼。国际工效学会（International Ergonomics Association，IEA）对工效学的权威定义是"研究人在工作环境中的解剖学、生理学、心理学等方面因素，研究人、机器、环境系统中的交互作用着的各个组成部分（效率、健康、安全、舒适等）在工作条件下，在家庭中，在休假的环境里，如何达到最优化的问题"。简单来说，人体工程学是研究人与工程系统及其环境相关的科学。

3.1.2 发展历程

1857 年波兰科学家雅斯特莱鲍夫斯基提出人类工效学这一术语，这是人类工效学的起源；20 世纪初英国泰罗设计研究工人操作方法来提高效率，人称泰罗制，是人类工效学的鼻祖；两次世界大战期间欧美开始有目的地对人类工效学进行研究，先在军事与航天领域，后延伸到产品、环境设计等领域；1950 年英国成立第一个人类工效学学会——"英国人类工效学协会"；1961 年建立"国际人类工效学协会"；1989 我国成立"中国人类工效学学会"，1991 年我国加入"国际人类工效学协会"并成为正式会员。

3.1.3 研究内容

（1）生理学：研究人的生理机能等
（2）人体测量学：研究人体尺寸及其在设计中的应用等
（3）基础心理学：研究人的心理现象及其规律等
（4）环境心理学：研究人和环境的交互作用等

3.1.4 应用范围

人体工程学广泛应用于服装设计、工业产品设计、机械设备设计（交通工具、军事设备等）、建筑设计、室内外环境设计、家具设计等领域，是其科学依据和参考，也是其重要的评价标准。

3.1.5 人体工程学与家具设计的关系

人体工程学叙述人和环境的交互作用，为室内、家具等设计的创作与评价提供理论依据和方法。

在家具设计中，尺寸与尺度是最基本和核心的要素。家具作为一种人所使用的产品，必定与人体尺寸有着密切的关系，也必定要适合整个空间环境的尺度要求。

3.2 人体工程学与生理学

3.2.1 人体感觉系统

（1）神经系统

神经系统是人体生命活动的调节中枢，由脑、脊髓与植物性神经组成。反射是最为基础原始的神经系统对外界刺激的反应。大脑是神经系统的核心，它对人体的控制与管理的关系为交叉倒置关系，即左半脑控制右半边身体，右半脑控制左半边身体，上半脑控制下半身，下半脑控制上半身，左半脑偏重语言功能，右半脑偏重空间想象及逻辑思维能力，故长久且持续地加强左边身体的锻炼可能有助于增强空间想象力，这对学习设计的人员可能有一定的帮助。

（2）人体"五觉"

人体五觉由视觉、听觉、肤觉、味觉、嗅觉组成。其中视觉、肤觉与家具设计有较强的关联。

1）视觉

视觉能感知光影、颜色、形状、质地、空间、时间等，人体所接收的 80% 的外部信息来自视觉，可以说是人体最重要的感官。

视度与视觉

所谓视度就是指看清物体的程度，要能准确地辨别物体就需要达到良好的视度，故要设计好的产品或营造适宜环境就必须考虑视度问题。良好的视度与物体的视角、物体与背景的亮度对比、物体自身的亮度、视点与物体的距离、可视的长度、光线的照射等因素有关（图 3-1）。

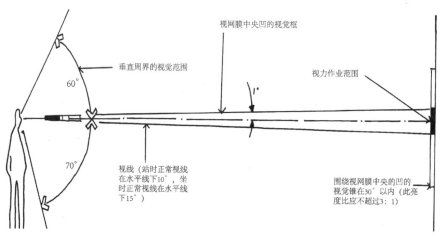

图 3-1 成年人坐／立时的视觉范围

色彩与视觉

色彩是非常重要的视觉感官因子，缺少色彩的世界会显得单调与沉闷，色彩也是家具设计创造艺术效果不可或缺的元素。有光才有视，有光才有色，适宜、良好的光照才能保证产品或环境具备良好的色彩特性。而适宜、良好的光照需要做到以下几点：避免出现炫光、高光，足够的照度，较好的显色性的光源等。

色彩具有一定的视觉特性，能产生一定的知觉反映，如下：

温度感：不同色彩能使人产生不同的温度感，故色彩可以分为冷暖色系。

明暗感：绿、青绿、青色系显得亮，红、橙、黄色系显得暗。

距离感：与色相和明度有关，高明度暖色给人凸出感，低明度冷色给人后退感。

重量感：与色相、明度和彩度都有关，亮的色彩感觉轻，暗的色彩感觉重，高彩度暖色给人感觉重，低彩度彩色感觉轻。

疲劳感：彩度越高，对眼睛的刺激越强，眼睛越易感到疲劳，长久观看高彩度暖色易疲劳。

瞩目感：即容易引起注意的特性，普通状态下瞩目感的顺序为红、青、黄、绿、白，暗背景下顺序为黄、橙、红、绿、青，浅色背景下顺序为青、绿、红、橙、黄。

空间感：色彩的对比能产生距离感及膨胀与收缩感，冷色调低彩度高明度显得空间大，暖色调具有膨胀感，而冷色调具有收缩感。

色彩并不仅仅是一种简单的视觉现象，而对人类的生理和心理的影响甚大。生理上的系列实验证明，红色能提高血压，而蓝色具有舒缓情绪的作用。色彩具有一定的心理效应，产生情感效果与联想，色彩心理学应运而生。色彩心理是设计师在设计过程中必须考虑的重要因素。如红色给人激情、欢庆、热情、愤怒之感，绿色给人新鲜、和平、年轻之感，黄色给人健康、明快、希望之感，黑色给人黑暗、阴森、忧郁之感等。

色彩在家具与陈设上的应用还具有调节空间环境的作用。家具与陈设的色彩与空间主体色彩产生弱对比，在保持整体环境氛围统一的前提下增加了空间的活力，丰富了空间环境效果（图3-2）。在进行家具色彩设计时，除了考虑色彩给人的心理和生理上的影响外，还要综合考虑个人对色彩的喜好、地域气候、风土环境、消费趋向、思想观念等诸多因素。

质地与视觉

材料的物理性能与肌理变化在光线作用下能产生不同的视觉特性。人长久的生活经验会让我们在看到物体时产生重量、温度、力度、空间尺度的判断，如石材、金属感觉重、冷、硬，而纸、棉感觉轻、温、软，同样是石材，粗糙的处理感觉凸出而光滑的处理感觉后退。此外，物体的天然纹理及后期的加工处理会产生视觉上方向感。当然当代的很多材料以及对某些材料的表面处理打破了以往的视觉经验，使材料的视觉感受与实际的感受产生较大的偏差，如人造石材在视觉上很接近真实石材，但重量上及温度上有很大差异。

（a） （b）

图3-2 家具陈设与空间界面的色彩搭配

（a）互补色搭配；（b）近似色搭配

2）肤觉

皮肤是人体最大的器官，有调节体温等功能，还可以产生触觉、温度觉、痛觉与振动觉。皮肤特性中触觉与痛觉在产品设计、空间环境设计、家具设计等领域受到广泛关注，尤其在无障碍设计中。

触觉：触觉是皮肤遭受外来机械刺激后引起的感觉。触觉具有辨别大小、辨别形状、触觉通信（盲文）等功能。在家具设计中与肌肤接触部分材料的手感非常重要，需要满足人对其的各类触觉要求，如柔软的床垫，顺滑的座椅扶手等。触觉对于丧失视觉的盲人来说尤其重要，因此无障碍设计就要充分利用触觉特性，如盲道、电梯按钮的盲文等。

痛觉：皮肤的痛觉是由外界强烈过度的刺激而产生的，皮肤痛觉与其他痛觉密切相关并且相互影响。皮肤痛觉分为锐痛（短暂刺激）与钝痛（长时间刺激）两种。在设计中我们要尽量避免产品或环境物体接触皮肤的部位尖锐、很粗糙，以免产生疼痛感，从而影响舒适甚至安全。

3.2.2 人体运动系统与血液循环系统

（1）作用

人体运动系统由骨骼、关节与肌肉组成，其共同作用形成了人的各种姿态。血液循环系统把血液按照一定的方式通过管道运送到人体各个部位，它是生命运输线。运动系统与血液循环系统的共同作用形成了人体活动的各种动作。作为与身体亲密接触的家具如设计得不合理会影响人体运动的科学规律，引起血液循环的不畅，从而导致身体不适乃至病变。

（2）人体姿态

人体姿态主要有立、坐、蹲、跪、卧等。不同姿态会产生不同的体压分布，家具设计需要考虑的主要有坐、卧姿态及其对应的体压分布对人体的影响。

1）坐姿

坐姿有利于保持身体的稳定并能减少下肢的肌肉疲劳，但不合适的坐姿会引起脊柱形态改变（图3-3），腰椎骨间的压力不能维持正常、均匀的状态，影响坐姿舒适性。而坐姿下臀部、大腿、腘窝、腹部等人体部位都受到压力，压力过大将导致不适甚至病变。如：椅面上臀部与大腿的体压（图3-4）与腘窝的体压。椅面高度过高与进深过深，都会造成腘窝受压（图3-5），

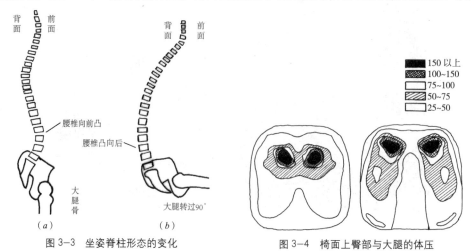

图3-3 坐姿脊柱形态的变化
（a）站着，腰椎前凸；（b）坐着，腰椎凸向后

图3-4 椅面上臀部与大腿的体压

从而导致小腿的血液流通受到阻碍，坐不多久小腿就会感到麻木难受。椅面过软，会使大腿受压迫，阻碍下肢的血液循环，造成下肢麻木。椅面过硬，臀部骨骼压力过大，产生疼痛。这就需要座椅设计时对身体的支撑部位（头部、颈部、背部、腰部、臀部、膝部、足踝、足部、肘部以及手部）提供足够的承托，并且保证接触面合适的软硬度。

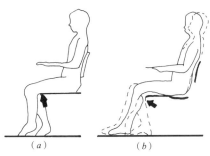

图 3-5　造成腘窝受压的两种原因

（a）座面过高；（b）座面过深

2）卧姿

本书中卧姿指的是仰卧的姿势。图 3-6 为全身放松正常仰卧时的背部曲线与体压分布。床面的软硬程度与体压分布直接相关，合适软硬度和床的结构对于人的睡眠质量十分重要。如果床面过硬，压力分布不均匀，背部接触面减少，局部压力增大导致血液循环受阻，神经末梢受压过大，产生不适而影响睡眠；反之如果床面过软，压力集中在腰部，造成腰椎曲线变直，背部和腰部肌肉受力过重，同样易产生不适感而影响睡眠，更严重的是易导致腰椎变形，产生伤害。因此，床面软硬度应保持背部与床面 20 ～ 30mm 的空隙最好，枕头高度 60 ～ 80mm 为宜（图 3-7）。

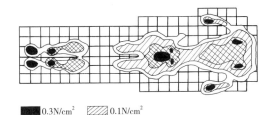

■ 0.3N/cm²　▨ 0.1N/cm²

图 3-6　仰卧时背部曲线与体压分布

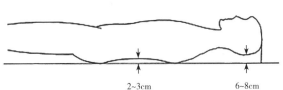

2~3cm　　　6~8cm

图 3-7　床面与背部及头部的高度关系

（3）运动与疲劳

运动性疲劳是运动本身引起的机体工作能力暂时降低，经过适当时间休息和调整可以恢复的生理现象，是一个极其复杂的身体变化综合反应过程。疲劳时工作能力下降，经过一段时间休息，工作能力又会恢复，只要不是过度疲劳，并不损害人体的健康。所以，运动性疲劳是一种生理现象，对人体来说又是一种保护性机制。但是，如果人经常处于疲劳状态，前一次运动产生的疲劳还没来得及消除，而新的疲劳又产生了，疲劳就可能积累，久之就会产生过度疲劳，影响身体健康和运动能力。如果运动后能采取一些措施，就能及时消除疲劳，使体力很快得到恢复，消耗的能量物质得到及时的补充甚至达到超量恢复，就有助于运动水平的不断提高。

3.3　人体测量学

3.3.1　基本知识

（1）定义

在进行人体工程学研究时，为了便于进行科学的定性定量分析，就需要获取人体尺寸数据及其分布规律，来指导设计工作，人体测量学应运而生。人体测量学（Anthropometry）是测量人体的科学，它是通过测量人体各部位尺寸来确定个人之间和群体之间在人体尺寸上的差别的一门学科。通常采用丈量法、摄影法、问卷法、自控或遥感测试法等方法测量。

（2）发展历程

最早命名这个学科的是比利时的数学家奎特里（Quitlet），他于1870年发表了《人体测量学》一书，创建了这一学科。然而人们对人体尺寸的研究可追溯到两千年前的古罗马，建筑师维特鲁威（Vitruvian）从建筑学的角度对人体尺寸进行了较完整的论述，他发现人体基本上以肚脐为中心，一个男人挺直身体、两手侧向平伸的长度恰好就是其高度，双足和双手的指尖正好在以肚脐为中心的圆周上。按照维特鲁威的描述，文艺复兴时期的巨匠达·芬奇（Da-Vinci）创作了著名的人体比例图（图3-8）。1857年，科学家约翰吉布森（John Gibson）与波罗米（J.Bonomi）绘制了维特鲁威标准男人想象图（图3-9）。两次世界大战推动了它在军事工业领域的应用。如今广泛用于建筑设计、产品设计、家具设计领域。我国在1989年公布了第一部人体尺寸的国家标准——《中国成年人人体尺寸》GB 1000—1988（图3-10）。

（3）人体尺寸影响因素

由于种族、地区、性别、年龄、职业、环境、世代、障碍等复杂的因素影响着人体尺寸，所以个人与个人之间，群体与群体之间，在人体尺寸上存在很多差异。例如：寒冷地区的人平均身高高于热带地区，而平原地区的平均身高高于山区；篮球、排球等运动的运动员的平均身高要比普通人高得多；发达程度高且饮食科学、营养均衡的人群平均身高就高，第二次世界大战期间日本男性平均身高不到165cm，低于我国男性，而近年由于科学的饮食与健康的生活，日本男性的平均身高已经超越我国；对于残疾人而言，设计者要考虑到这些人群的特有姿态与相对应的行为，电梯中我们除了要设置常人使用的按钮与扶手外，还要设计为坐轮椅人群服务的低一些的按钮与扶手。

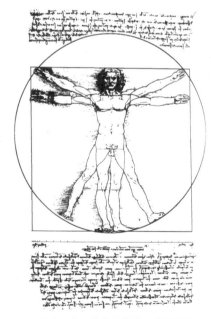

图3-8　达·芬奇创作的人体比例图

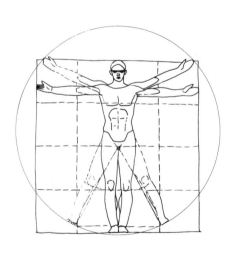

图3-9　标准男人想象图

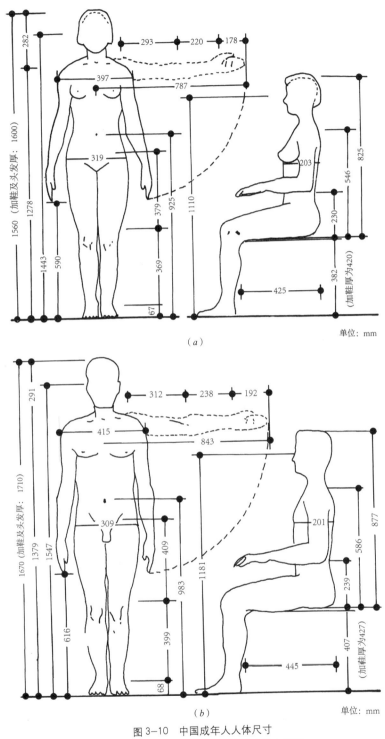

单位：mm

（a）

单位：mm

（b）

图3-10 中国成年人人体尺寸

（a）人体基本尺寸（女）；（b）人体基本尺寸（男）

人体测量学是确定家具、设施的形体、尺寸及其使用范围的主要依据，设计的家具如果能符合人体生理、心理尺度，那么对其使用将更加安全、舒适与高效（图3-11）。

图 3-11 不符合人体尺寸的家具尺度

3.3.2 测量内容

要想做好设计,必须了解人的基本测量尺度、人体比例关系、结构尺寸、功能尺寸、心理空间、重心等人体因素。

(1) 人体结构尺寸

人体结构尺寸又称静态尺寸。它是人体处于固定的、静止的标准状态下测量的尺寸。可以测量许多不同的标准状态和不同部位。如手臂长度、腿长度、坐高等。它对与人体直接接触的物体有较大关系,如家具、服装和手动工具等,主要为人体各种装具设备提供数据。如由人体的坐深确定座椅的深度为 350～400mm,由人体的臀部宽度确定座椅的宽度为 400mm 左右。

以下是部分人体结构尺寸及其应用的范围 (图 3-12):

身高:立姿时足底到头顶的距离,确定人头顶障碍物、站时视线高(门高、楼梯净高等)等。

坐高:坐姿时,臀部底部到头顶的距离,确定座面上方障碍物、坐时视线高(隔断等)等。

人体最大宽度:立姿时身体正面最外缘间的距离,确定衣柜深度、单人及多人座椅宽度等。

臀部宽度:坐姿时臀部最宽部分的水平尺寸,确定坐面宽度等。

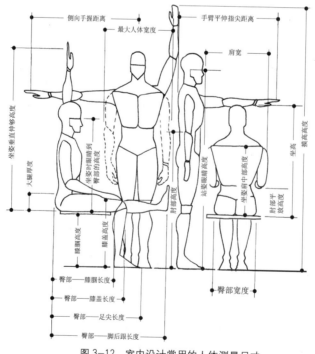

图 3-12 室内设计常用的人体测量尺寸

膝腘高度：坐姿时足底到膝腘的高度，确定坐面高度等。

大腿厚度：坐姿时大腿外缘间的距离，确定坐面与抽屉底板间距等。

臀部－膝腘长度：从臀部最后面到膝盖骨前面的水平距离，确定坐面深度等。

坐时两肘之间宽度：两肋屈曲、自然靠近身体、前臂平伸时两肋外则面之间的水平距离，确定扶手宽等。

肘部平放高度：从座椅表面到肘部尖端的垂直距离，确定工作台、书桌、餐桌和其他特殊设备的高度。

（2）人体功能尺寸

人体功能尺寸乂称动态尺寸。人在进行某种功能活动时肢体所能达到的空间范围，是动态的人体状态下测得的，是由关节的活动、转动所产生的角度与肢体的长度协调产生的范围尺寸（图3-13），它对于解决许多带有空间范围、位置的问题很有价值。如淋浴房的尺寸不是依据静态下肩宽这一结构尺寸，而是依据人在沐浴行为下各种动作测得的尺寸。

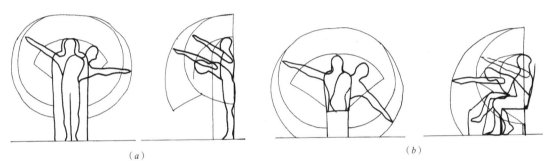

（a）   （b）

图3-13　人体功能尺寸图

（a）立姿活动空间的人体尺度；（b）坐姿活动空间的人体尺度

虽然结构尺寸对某些设计很有用处，但对于大多数的设计问题，功能尺寸可能有更广泛的用途，因为人总是在运动着。静态尺寸使人注意力集中在人体尺寸与周围边界的净空上，而动态尺寸则集中在所包括的操作功能上（图3-14）。

（3）人体重量

测量人体重量是为了合理设计人体支撑物和工作面的结构与构造，地面、椅面、桌面、床垫等需要设计合理的结构强度与承载极限。如儿童使用的椅子、床等是针对儿童的体重来确定的，其设计的承载力有限，如成年人使用很有可能会破坏其结构强度，导致损坏。

（4）人体推拉力

测量人体推拉力是为了合理设计门窗、柜门的开启力及抽屉等的重量。不同姿态下人体的推拉力不同，故所对应的开启力与重量亦不同。如：立、坐、蹲、弯、跪几种姿态中以设计高度在1800mm左右的立姿态下的推拉力最小，而以设计高度为500mm左右下的蹲姿态下的推拉力最大。

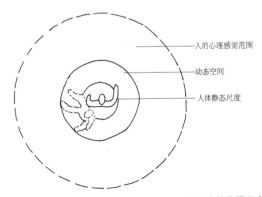

人的心理感觉范围

动态空间

人体静态尺度

图3-14　人体的静态尺度、动态空间与心理感觉范围示意

3.3.3　百分位与补偿值

(1) 百分位

1) 定义与作用

由于人体个体与群体差异巨大，我们设计时只能用一个确定的数值，而又无法采用平均值，那如何确定使用哪个数值呢？这就需要用"百分位"来解决问题。"百分位"以数值分段来表示人体尺寸等级，由于无法百分之百满足所有人的需求，故设计时只需满足95%以上人群需求即可，因此百分位中最常用的是第5%、第50%、第95%三种百分位。其中第5百分位数是代表"小"的尺寸数据，是指有5%的人群某一尺寸数据小于此值，而有95%的人群尺寸数据大于此值。第50百分位数表示"中"的尺寸数据，是指大于和小于此人群尺寸数据的人群为50%，第95百分位数代表"大"的尺寸数据，是指有95%的人群尺寸数据小于此值，而有5%的人群尺寸数据大于此值。

2) 百分位原则

由人体高度、最大宽度、臀部宽度等确定的如椅宽、衣柜深等尺寸，应以第95%的数值为依据。大个可以用，小个子自然没问题。

由垂直手握高度、膝　高度等确定的座面高度、隔板的高度等尺寸，应以第5%的数值为依据。小个子够得着，大个子自然没问题。

门铃、插座和电灯开关等高度，需要兼顾高个与矮个的需求，应以第50%为依据。

吧椅、理发椅、手术床等高度，需要满足绝大多数人的需求，所以这些家具可调节尺寸。如手术床的高度既需要满足身高1500mm医生的手术需要，也需要满足身高2000mm医生的手术需要，这就需要手术床可调节高度以适应不同身高医生的需求。

(2) 补偿值

人体测量值是在着装很少的情况下测得的。在实际应用这些尺寸值时，需给定量的补偿值。如：测量时是无鞋状态，而日常使用时都是穿着鞋的，故座面的高度由膝腘高度确定外还需加上鞋跟的高度，大约为30mm。还有如裤子厚度、衣服厚度等补偿值。

3.4　人体尺寸与家具的关系

人体具有固有的大小与比例，有许多姿势与动作，需考虑人体所在场所的尺寸、位置、形状，以确保人体姿势与动作的自如。

3.4.1　人体尺寸与座椅

为了论述方便，本书把座椅分为两类，分别是工作椅与休闲椅。工作椅一般与桌子或操作面配套使用，从事读、写、绘、打字及手工操作等，如办公椅、学习椅等；休闲椅顾名思义为休闲放松时使用，如沙发、躺椅等。

舒适的坐姿应保证腰曲弧形处于正常状态，腰背肌肉处于松弛状态，从上体通向大腿的血管不受压迫，保持血液正常循环。这就需要大腿近乎水平，两脚被地面所支持，腘窝不受压，臀部边缘及腘窝后部的大腿在椅面获得"弹性支承"。影响座椅舒适度的因素主要有：椅面高度、椅面深度、椅面宽度、椅面的角度、扶手高度与宽度、椅背高度、椅背形状与角度、椅面生理舒适性等。

（1）椅面高度

适宜的椅面高度＝膝腘高度＋鞋厚（20～40mm）（图3-15）。工作椅较高，约为400～440mm；休闲椅较低，约为300～380mm。座面高度是桌椅尺寸中的设计基准，它确定座面的高度，同时影响靠背高度、扶手高度以及桌面高度等一系列的尺寸。

（2）椅面深度

椅面深度略小于臀部至膝盖长度，约380～420mm（图3-16），休息用椅、沙发等稍大一些，约460～530mm。椅面前缘到小腿留有60mm的间隙，保证小腿活动自由。如果座椅前面的家具或其他室内设施没有放置足尖的空间，就应留足尖长度。对于老年人用椅，椅面不宜过深，否则老年人要从椅子上站起来会感到费力和困难。

（3）椅面宽度

椅面宽度略大于臀部宽度，一般不小于380mm（图3-17）。座椅的宽度应使臀部得到全部的支撑并有适当的活动余地，便于人体坐姿的变换。

图3-15 膝腘（弯腿）高度

图3-16 臀部—膝盖长度

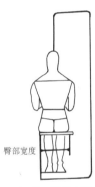

图3-17 臀部宽度

（4）椅面角度

椅面角度指座面与水平面的夹角。座椅类家具的椅面角度确定使用者在使用时的身体姿势，从而影响使用者的身体疲劳度，因而不同类型的椅凳类家具的座面倾角不同（图3-18）。休息时坐姿一般向后倾斜，在一定范围内，倾角越大，休息性越强，但倾角过大也会导致起身不方便。工作椅的座面角度较小，接近垂直状态甚至略向前倾，从而增大活动范围，提高工作效率（图3-19），为了缓解脚步支承带来的疲劳，小腿至膝盖处设一软垫来阻止前冲之势。会议室椅约

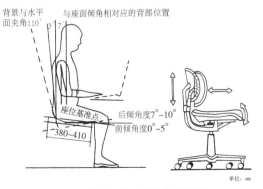

图3-18 符合人体工程学的座面倾角

图3-19 座面倾角和靠背倾角可自动调节的工作椅

为 5°，影剧院座椅约为 5°～10°，公园休闲椅约为 10°，公交车座椅约为 10°，一般沙发约为 8°～15°，安乐椅约为 20°。

（5）扶手宽度与高度

扶手宽度略大于两肘之间宽度，一般不小于 460mm（图 3-20），单人沙发椅扶手宽约 450～480mm，全包沙发扶手宽约 500～600mm。落座、起身或需要调节体位时需用手臂支撑身体，这时就需要使用扶手，在躺椅、安乐椅尤为多见。扶手主要用于支承手臂重量，减轻肩部负担，还可以作为界限隔离座位相邻者。扶手宽度不够，觉得拥挤；扶手宽度过宽，不能给就座者提供稳定的位置，觉得无从依靠；都会影响使用的舒适性。

扶手高度约等于肘部平放高度，一般高约 230±20mm（图 3-21）。扶手前端可随座面倾角和靠背倾角的变化略微升高。扶手过高，会使肩部被耸起；扶手过低，则起不到支承手臂重量的作用；都会影响使用的舒适性。

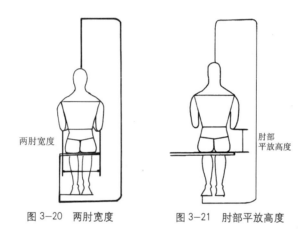

图 3-20　两肘宽度　　　　　图 3-21　肘部平放高度

（6）椅背高度、形状与角度

椅背的高度、形状与角度，关系到坐姿时脊柱形态、座面和背部的体压、背肌的紧张度等因素，设计合理的椅背能承载部分人体重量并使人的身体保持一定的姿态。

椅背高度一般上沿不宜高于肩胛骨，一般高约 460mm，工作椅略低，约为 185～250mm，休闲椅一般不小于 660mm。

椅背侧面轮廓应能降低椎间盘内压力和肌肉负荷。对于工作椅来说，在第 3、4 节腰椎处应有可用于垫腰的凸出部以保持腰椎自然曲线（图 3-22）。对于休闲椅来说，要支承躯干的体重，

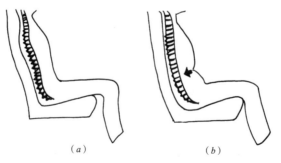

（a）　　　　　　　　　　（b）

图 3-22　不同椅背形成不同的脊椎曲线
（a）降低脊椎和肌肉压力；（b）增加脊椎和肌肉压力

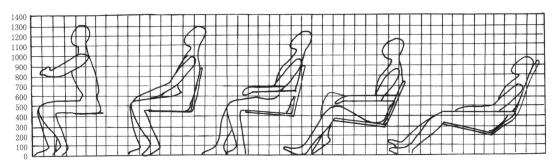

图 3-23　不同座椅部分功能尺寸的变化与对比

放松背肌，以躯干的重心（人体第八胸椎骨的高度）为中心对就座者提供倚靠。此外，为缓解颈椎的负担，还需提供头枕。办公椅的椅背形状宜兼具工作椅与休闲椅的特点。

椅背倾角是指椅背与椅面之间的夹角。从保持脊椎的正常自然形态，增加舒适感考虑，椅背倾角应有助于帮助维持使用该座椅使用者的上身姿势。躺椅角度以 115°较为合适，休闲椅约 105°～108°，工作椅约 95°～108°（图 3-23）。

（7）椅面生理舒适性

可以分为椅面的触感和椅面的透气性两个方面。椅面的触感取决于椅面面层材料的材质和制作工艺，触感要求柔软、暖和、有一定的摩擦力。椅面的透气性取决于与人体接触部位良好的湿度、温度，应能保持皮肤的干爽并能保持一定的温度。

3.4.2　人体尺寸与桌台

桌子通常是在坐姿的状态下进行操作使用，其高度较低，如饭桌、课桌、办公桌、打字桌等；而工作台更多是在立姿的状态下进行操作使用，其高度较高，如讲台、实验室操作台、厨房案台等。当然这种分类方法并不全面，本节使用此方法只是为了表述方便。

（1）坐姿用桌

1）桌面高度

桌高为座面高度加上合理的桌面椅面高度差，即桌高＝座面高度＋桌椅高度差。桌椅高度差由人体测量尺寸和实际功能要求来确定，一般取坐高的 1/3，通常为 280～320mm，国际标准为 300mm。桌面过高导致人体脊椎侧弯、眼睛近视等疾病；且由于耸肩，引起疲劳，从而降低工作效率。桌面过低导致人体脊椎弯曲过大，形成驼背，背肌疲劳；腹部受压从而妨碍呼吸及血液循环。常用桌高：700、720、740、760mm。我国中等身材男子使用办公桌与可调办公桌椅的适宜尺寸如图 3-24 所示。

2）桌面宽度与深度

桌面宽度与深度应以人坐时手达到的水平工作范围为基本依据，并考虑桌面可能放置物的性质及尺寸大小（图 3-25）。当手臂尽量伸出，左右活动能达到的范围被称为最大范围；而手臂自然、轻松活动能达到的范围为正常范围（图 3-26）。如键盘、鼠标垫、写字垫板等常用物品均应在正常范围内。

双柜写字台宽 1200～1400mm，深 600～750mm；单柜写字台宽 900～1200mm，深 500～600mm。餐桌及会议桌桌面尺寸以人均占周边长为准设计，一般人均占桌周边长

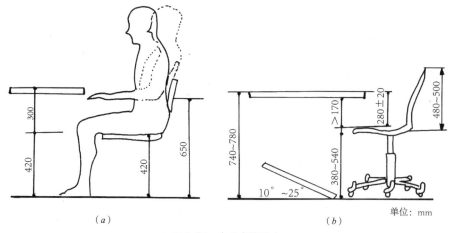

单位：mm

（a）   （b）

图 3-24　办公桌椅尺寸

（a）固定尺寸的办公桌椅；（b）可调尺寸的办公桌椅

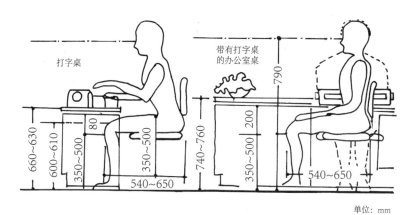

单位：mm

图 3-25　带有打字桌的办公室桌

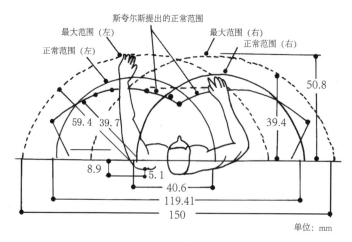

单位：mm

图 3-26　手臂活动正常范围

550 ～ 580mm，舒适长度为 600 ～ 750mm。

3）桌下净空

为保证下肢能在桌下放置与活动，桌面下的净空高度应高于双腿交叉时的膝高，并使膝部有一定上下活动余地。桌子抽屉下沿距椅坐面至少应有 178mm 左右的净空。一般规定桌下空间净高大于 580mm，净宽大于 520mm。

4）桌面角度

不同使用需求下，桌面的角度也会发生相应变化以适应功能，提高效率。如绘图时，图纸与视线的距离宜保持垂直角，以提高绘图的效率，故绘图桌的角度约为 30°。

（2）立姿用台

立姿用工作台的高度由人体立姿下自然屈臂的肘高来确定，通常低于肘部高度 7.6 ～ 10cm。肘部高度是指从地面到人的前臂与上臂接合处可弯曲部分的距离。由于性别差异，男性工作台高 950 ～ 1100mm，女性则为 880 ～ 930mm。若需要用力工作的台面，高度可稍降 20 ～ 50mm（图 3–27）。

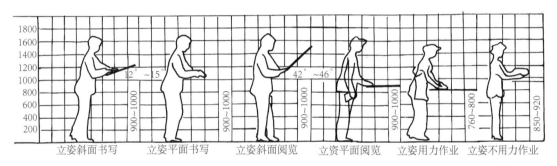

单位：mm

图 3–27 立姿用桌与人体尺度关系

3.4.3 人体尺寸与卧室家具

卧式家具主要是指供人体睡眠的床，也包括兼有睡眠功能的躺式沙发等。人体与床接触时间较长，一天中有 1/3 的时间在床上度过。床供人们睡眠以达到消除疲劳、恢复体能的目的。所以，人的睡眠质量的好坏，与床的设计密切相关。

（1）床的长度

床的长度指两头床屏或床架内的距离，考虑人仰卧后的身长外，还须包含放置枕头和被子等的空间。故床长 $=h \times 1.05 + \alpha + \beta$（图 3–28），$h$ 为平均身高，"α" 为头前留空量，"β" 为脚后留空量（α、β 一般取 75mm）。一般规定，成人床床面净长下限为 1920mm。

（2）床的宽度

床宽要考虑保持人体良好的睡姿、翻身的动作和熟睡程度等生理和心理因素，同时也得考虑与床上用品，如床垫等的规格尺寸相配合。通常床宽为人仰卧时肩宽的 2.5 ～ 3 倍，即床宽 $=2.5 \sim 3W$，中国成年男性 $W=430mm$，女性 $W=410mm$。单人床的床宽应不小于 800mm，最好是 900mm。双人床的宽度小于两个单人床的宽度，1200 ～ 1800mm，多见 1350、1500mm（即中国人所说四尺半床与五尺床）。

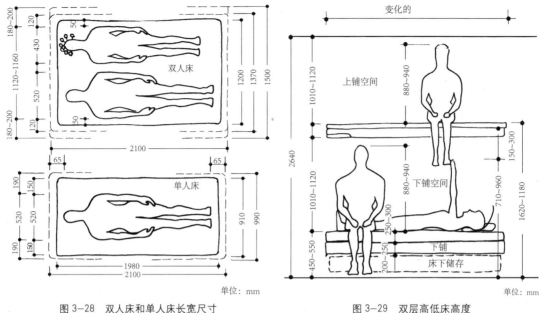

单位：mm

图 3-28 双人床和单人床长宽尺寸

图 3-29 双层高低床高度

（3）床的高度

床高一般和椅坐高度一致，使床同时具有坐卧功能。另外还要考虑人穿衣、穿鞋等动作。一般床高 400 ~ 500mm。双层床的层间净高必须保证下铺人在就寝和起床时有足够的动作空间（图 3-29）。一般规定双层床底床铺离地面高不大于 420mm，层间净高不小于 950mm。为防止掉下，上层铺须安装安全拦板，长度不短于床长的 1/2，高度不低于 200mm。

床垫硬铺为好，三层构造为宜。为了便于整理床铺，床垫表面 700 ~ 900mm 为宜。躺下和坐起最为方便为 500 ~ 600mm。

（4）床周边空间

床周边需留有整理床铺及正常通行的空间（图 3-30），整理床铺正确的姿势是蹲下或单腿跪下。

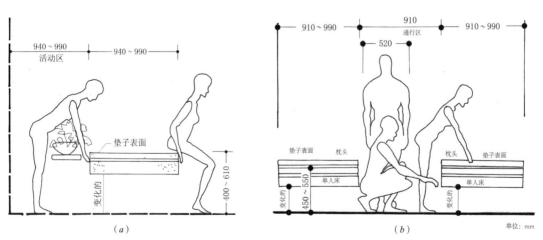

（a）

（b）

单位：mm

图 3-30 床周边尺寸

（a）单床房中床与墙的间距；（b）双床房中的床间距

3.4.4　人体尺寸与贮存类家具

贮存类家具主要是指各种橱、柜、箱、架等。对这类家具的一般功能要求是能很好地存放物品,存放数量最充分,存放方式最合理,方便人们的存取,满足使用要求,有利于提高使用效率,占地面积小, 又能充分利用室内空间, 还要容易搬动, 有利于清洁卫生。家庭橱柜一般应适应女性使用的要求, 可分为三个区 (图 3-31)。

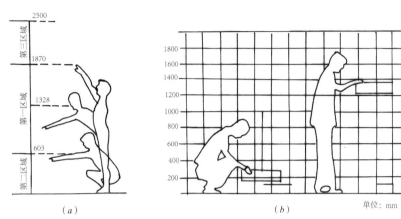

图 3-31　适应女性特点的家庭橱柜分区
(a) 各区域高度 ; (b) 柜体高度深度

第一区,即中区。高度在 603 ～ 1870mm,以肩为轴,上肢半径活动的范围。仅需略略弯腰,而不必蹲下可以取物的高度。是存取物品最方便、使用频率最多的区域,也是人的视线易看到的视域。

第二区, 即低区。603mm 以下的区域, 从地面至人站立时手臂下垂指尖的垂直距离。该区域存储不便, 需蹲下操作, 一般存放较重而不常用的物品。

第三区, 即高区。1870mm 以上的区域, 即一般存放较轻的过季性物品。

一般柜体宽度:常用 800、900mm 或 1000mm 为基本单元。深度:上衣柜 550 ～ 600mm,书柜 300 ～ 400mm。搁板层间高一般选择 300 ～ 350mm。

3.4.5　其他

(1) 容足空间

立姿用台的底部必须留有容足的空间, 这样才能保证人体能紧贴台面和动作的需求。容足空间内凹, 其高度不小于 80mm, 深度为 50 ～ 100mm (图 3-32)。

(2) 清洁空间

家具底部留有必要的空档, 用于扫地、拖地及吸尘器, 空挡高度不小于 130 ～ 150mm, 并留一定的进深 (图 3-33)。

(3) 通行空间

家具与家具之间需要留有足够的通行空间, 一般以一股人流为最低值, 即 550 + (0 ～ 150) mm。

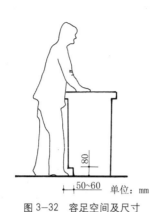

图 3-32　容足空间及尺寸

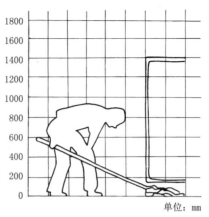

图 3-33　家具底部便于清洁的空间

作业四　室内家具尺寸调研

作业标题：

室内家具尺寸调研。

作业形式：

PPT 汇报。

作业内容：

调研各空间家具构造及功能尺寸（长、宽、高等），包括：

1. 了解成人卧室家具构造及功能尺寸（门、单人及双人床（圆床）、衣柜、床头柜、梳妆台及各通道等）；

2. 了解客厅家具构造及功能尺寸（单人及多人沙发、电视柜、茶几及各通道等）；

3. 了解书房家具构造及功能尺寸（书桌、椅子、书架、挂镜线及各通道等）；

4. 了解厨房家具，主要电器、厨具构造及功能尺寸（门、案台、橱柜及各通道等）；

5. 了解卫生间家具、电器构造及功能尺寸；

6. 了解餐厅家具构造及功能尺寸（各类餐桌、餐椅及各通道等）；

7. 了解小孩房家具构造及功能尺寸（组合家具等）；

8. 了解宿舍家具构造及功能尺寸（组合家具、柜子、座椅等）。

作业要求：

1. 小组完成，要求在真实环境中进行调研；

2. 充分结合、利用自己的构造与功能尺寸，了解确定该尺寸的原因；

3. 用影像记录使用家具的过程及对家具尺寸的描述；

4. PPT 数量 20 页以上。

评分标准：

序号	分项	总分	分项标准	分项分值
			室内家具尺寸调研评分标准	
1	汇报	40	项目陈述流畅	20
2			问题解答清晰	10
3			与小组成员协同合作默契	10
4	内容	60	PPT编排精良	10
5			充分结合、利用自己的构造与功能尺寸	20
6			照片与文字齐全	15
7			想法鲜明、创意丰富	15
	总计		100	

小结评语：

通过本节学习，结合作业训练，使学生熟悉人体工程学的由来、发展与应用，掌握人体尺寸与家具的关系，熟悉自己的部分身体尺寸并能把它应用到家具使用与测量中，掌握常用家具的尺寸及其依据。培养学生具有辨析某家具是否符合人体工程学的能力。

4

模块四　家具材料、结构与工艺

教学目的：

1. 熟悉家具的材料种类、材料特性及加工工艺。

2. 掌握家具的各种结构与相应构造。

3. 了解家具材料、结构、构造的相互关系。

4. 为之后的家具设计与创造提供启迪与扩展。

所需课时：

6 ～ 12

自学学时：

6 ～ 12

推荐读物：

1. 刘忠传 . 木制品生产工艺学 [M]. 北京：中国林业出版社，1993.

2. 宋魁彦 . 现代家具生产工艺与设备 [M]. 哈尔滨：黑龙江科技出版社，2001.

3. 邓前阶，等 . 家具与室内表面装潢技术 [M]. 兰州：甘肃文化出版社，1999.

重点知识：

1. 家具材料的 6 大种类及各自的优缺点。

2. 家具的七种结构。

3. 家具不同材料的连接方式。

难点知识：

家居不同材料的连接方式。

4.1 家具材料与结构概述

4.1.1 家具用材概述

家具是由各种材料经过一系列的技术加工而成制造的，材料是构成家具的物质基础。所以家具设计除了使用功能、美观及工艺的基本要求之外，与材料亦有着密切联系。

(1) 关于材料设计师务必了解的问题

1) 熟悉原材料的种类、性能、规格及来源；

2) 根据现有的材料去设计出优秀的产品，做到物尽其用；

3) 善于利用各种新材料，以提高产品的质量，增加产品的美观性，除了常用的木材、金属、塑料外，还有藤、竹、玻璃、橡胶、织物、装饰板、皮革、海绵、玻璃钢等。然而，并非任何材料都可以应用于家具生产中。

(2) 家具材料的选择

家具材料的应用也有一定的选择性，其中主要应考虑到下列因素：

1) 加工工艺性：材料的加工工艺性直接影响到家具的生产。对于木质材料，在加工过程中，要考虑到其受水分的影响而产生的缩胀、各向异裂变性及多孔性等。塑料材料要考虑到其延展性、热塑变形等。玻璃材料要考虑到其热脆性、硬度等。

2) 质地和外观质量：材料的质地和肌理决定了产品的外观质量的特殊感受。木材属于天然材料，纹理自然、美观，形象逼真，手感好，且易于加工、着色，是生产家具的上等材料。塑料及其合成材料具有模拟各种天然材料质地的特点，并且具有良好的着色性能，但其易于老化、易受热变形，用此生产家具，其使用寿命和使用范围受到限制。

3) 经济性：家具材料的经济性包括材料的价格、材料的加工劳动消耗、材料的利用率及材料来源的丰富性。

4) 强度：强度方面要考虑其握着力和抗劈性能及弹性模量。

5) 表面装饰性能：一般情况下，表面装饰性能是指对其进行涂饰、胶贴、雕刻、着色、烫、烙等装饰的可行性。

4.1.2 家具基本结构

家具结构是指家具所使用的材料和构件之间的一定组合与连接方式，它是依据一定的使用功能而组成的一种系统。它包括内在结构和外在结构。内在结构是指家具零部件间的某种结合方式，它取决于材料的变化和科学技术的发展，如传统的榫接方式和现代板式家具用的五金件连接方式都是内在结构。家具的外在结构直接与使用者相接触，它是外观造型的直接反映，因此在尺度、比例和形状上都必须与使用者相适应。

家具的结构有框架结构、板式结构、固定结构、拆装结构、折叠结构、薄壳结构、充气结构、注塑结构、软体结构等类型。

4.2 木家具材料、结构与工艺

4.2.1 木家具概述

家具产品中有近80%为木质家具，近年来，人们对木质家具的需求已经逐渐从注重外观上升到注重材质的层面，更多的新产品是以原创的设计和优质的原材料制胜。出自天然的古老材质，时刻给人一种干净、清新的舒适感觉，因此，无论是木质的家具还是雕刻而成的木质饰品，总是受到大众的青睐。

4.2.2 木家具主要材料

（1）种类（图4-1）

贵重木材：紫檀、黄花梨、红木（鸡翅木、花梨木、乌木、铁力木、酸枝木、红豆木……）胡桃木、桃花心木、枫木、柚木……

硬质木材：水曲柳、桦木、麻栎、榉木等……

软质木材：松木、杉木、椴木等……

		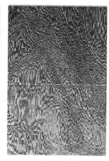		
紫檀	黄花梨	鸡翅木	杉木	水曲柳

图4-1 常见木材样式

（2）木材优缺点

1）优点：质量轻，强度大，其中顺纹抗压强度最大。具有天然纹理和色彩。容易加工和涂饰。电、热、声的传统性小。绿色环保。

2）缺点：吸湿性和变异性。易腐朽及被虫蛀蚀。易燃。

（3）木材规格（图4-2）

1）板材：木板的宽与高的比值 $B：H>3：1$

2）方材：木板的宽与高的比值 $B：H<3：1$

3）薄木：用刨切、旋切和锯切方法加工成的用于表面装饰的薄板，又称装饰单板，俗名"木皮"，用于板材的饰面与封边以达到实木效果。其种类有：

按厚度分。有单板（1.0～6.0mm）、薄木（0.1～3mm）、微薄木（0.05～0.25mm）之分。

按加工方法。有加工薄木（通过刨切、旋切和锯切方法加工而成）、拼花薄木、人造薄木、复合薄木（俗称纸面薄木）等。

4）曲木：通过蒸汽加压方式形成，有实木曲木与薄木胶合曲木之分。

5）胶合木：又称集成材。沿材料平行纤维方向用胶粘剂沿其长度、宽度或厚度方向胶合而成的材料。其特点有：由小料集成，故开裂、变形小。抗拉强度、抗压强度、抗弯性与质量均匀性优于木材。具有较好的防火、防腐与防虫性。

图4-2 木材切割形式

6）人造板（合板）：利用木材加工过程中产生的边角废料，添加化工胶粘剂制成的板材。其特点有：幅面大，质地均匀，变形小，强度大，平整度好，便于二次加工；但使用时效短，不宜使用榫卯技术。其种类有：

胶合板：（夹板）指一组单板按相邻层木纹方向互相垂直胶合而成的板材。用做背板、抽屉底板或面板。规格：915×1830，1220×2440等。

纤维板：（密度板）以木材或其他植物纤维为原料，成型热压而成的材料。分为低密度板（<0.5g/cm²）、中密度板（0.45～0.88g/cm²）、高密度板（>0.8～1.0g/cm²）三种。可用做面板，也可用于骨架材料。

刨花板：（碎料板）用碎料加胶热压制成。表面需使用饰面材料，周边使用封边条。应用与中密度板相似。

细木工板：一定规格的小木条排列胶合成板芯，表面饰面层，是实木板芯的胶合板。用做板式家具零部件、桌面、柜门、凳面等材料。

空心板：两薄板间加小木条龙骨，另有蜂窝空心板。用于侧板与门板。

装饰人造板：指为美化人造板表面和提高表面功能，对人造板表面进行各种装饰加工后获得的板材。分为：装饰单板贴面人造板、浸渍胶膜纸饰面人造板（专用纸浸氨基树脂铺装于人造板上后经热压处理）与宝力板（胶合板为基材，表面胶合印刷装饰纸，上涂不饱和树脂）。

4.2.3 木家具的连接方式与基本结构

（1）连接方式

1）榫卯连接：是通过榫头压入榫眼或榫槽的接合方式（图4-3）。榫卯连接是传统的木制家具构件最早使用的接合方式（图4-4），在我国6000年前的河姆渡文化中就已经出现。榫卯分类有（图4-5）：

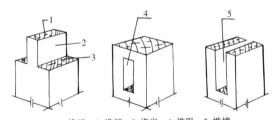

1. 榫端；2. 榫颊；3. 榫肩；4. 榫眼；5. 榫槽

图4-3 榫卯结构名称

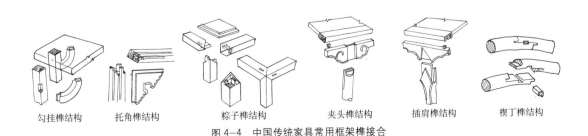

勾挂榫结构　　托角榫结构　　粽子榫结构　　夹头榫结构　　插肩榫结构　　楔丁榫结构

图4-4 中国传统家具常用框架榫接合

单榫、双榫、多榫

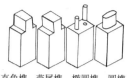
直角榫、燕尾榫、椭圆榫、圆榫

开口榫、半开口榫、闭口榫

图4-5　榫卯类型

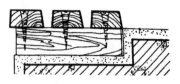
图4-6　木螺钉连接

按榫头的形状分：直角榫、燕尾榫、椭圆榫、圆榫

按榫头的数目分：单榫、双榫、多榫

按榫头与构件的关系分：整体榫（直接在构件上加工而成）、插入榫（与构件分别制作，常用圆榫）。

按榫头与榫眼、榫槽接合形式分：开口榫、半开口榫、闭口榫；明榫、暗榫。

2）胶料连接：即用胶水等粘合材料来接合构件。

3）木螺钉连接（图4-6）。

4）金属连接件连接（图4-7）。

空心螺钉连接　　　　　涨开式连接　　　　　抓齿式连接　　　　　三眼板连接　　　　　叶片式连接

图4-7　金属连接件连接

（2）木家具基本结构

1）框架结构

框架是框式家具的基本结构部件，也是框式家具的受力构件，框式家具由一系列的框架构成。最简单的框架由纵横各两根方材通过榫接合而成，有的框架有嵌板，有的嵌玻璃，有的是中空的。纵向的方材称"立梃"，横向的方材称"帽头"；如框架中间再加方材，纵向的称"立档"，横向的称"横档"（图4-8）。

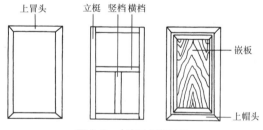
上冒头　　立梃　竖档　横档　　　　　　　嵌板

上帽头

图4-8　木家具框架结构

框架的框角接合方式，可根据方材断面及所用部位的不同，采用直角接合、斜角接合、中档接合等多种形式。

直角接合：多采用整体榫，也有用圆榫接合的（图4-9）。

斜角接合：可使不易装饰的方材的端部不外露，提高装饰质量，但接合强度较小，加工较复杂。它是将两根接合的方材端部榫肩切成45°的斜面后再进行接合（图4-10）。

木框的中档接合：包括各类框架的横档、立档，如椅子和桌子的牵脚档等（图4-11）。

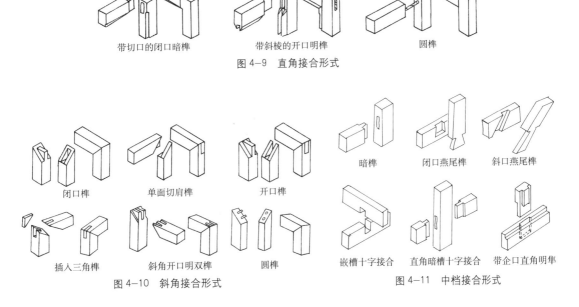

带切口的闭口暗榫　　　带斜棱的开口明榫　　　圆榫

图 4-9　直角接合形式

闭口榫　　　单面切肩榫　　　开口榫　　　　　暗榫　　　闭口燕尾榫　　　斜口燕尾榫

插入三角榫　　　斜角开口明双榫　　　圆榫　　　　嵌槽十字接合　　直角暗槽十字接合　　带企口直角明隼

图 4-10　斜角接合形式　　　　　　　　　　　　　图 4-11　中档接合形式

　　嵌板结构（图 4-12）：框式家具中常用的结构形式，不仅可以节约珍贵的木材，同时也比整体采用方材拼接稳定，不易变形。一般是在框架内嵌装入人造板或拼板，起封闭与隔离作用。

　　拼板结构（图 4-13）：用窄的实木板胶拼成所需要宽度的板材称为拼板，传统的框式家具的桌面板、台面板、柜面板、椅座板、嵌板以及钢琴的共鸣板都采用窄板胶拼而成，为了尽量减少拼板产生收缩和翘曲，用于拼板的单板块的宽度应有所限制。同时，同一拼板中板块的树种及含水率应一致，以保证形状稳定。

　　箱框结构（图 4-14）：箱框是由四块以上的板材构成的框体或箱体，如老式的衣箱、抽屉等。常用的接合方法有直角多榫接合、燕尾榫接合、直角槽榫接合、插入榫接合、以及金属连接件接合等接合方式。

　　2）板式结构

　　指以人造板为基材，以板件为主体，采用专用的五金连接件或圆榫连接装配而成的家具。板式家具的主要材料是人造板材，板件的形式一般可分为两种：空心板、实心板。实心板主要以刨花板或中纤板为芯板，面覆装饰材料，如：薄木、木纹纸、防火胶板等。空心板根据芯板的结构不同，可以分为：栅状空心板、格状空心板、网格空心板、蜂窝空心板等（图 4-15）。

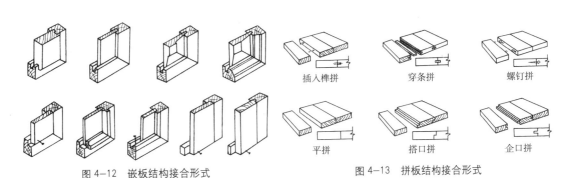

插入榫拼　　　穿条拼　　　螺钉拼

平拼　　　搭口拼　　　企口拼

图 4-12　嵌板结构接合形式　　　　　图 4-13　拼板结构接合形式

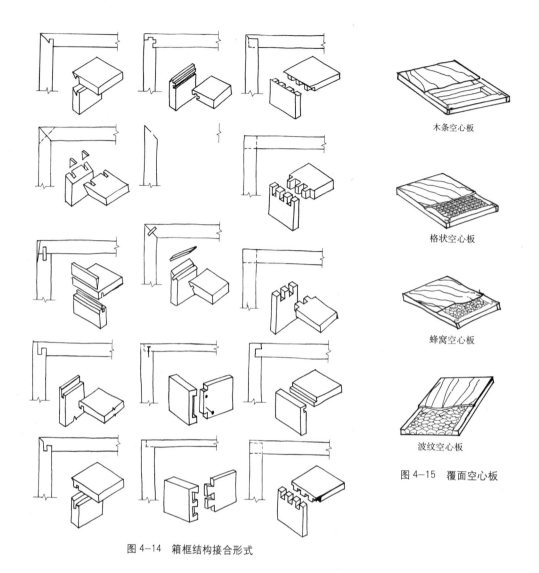

木条空心板

格状空心板

蜂窝空心板

波纹空心板

图 4-15　覆面空心板

图 4-14　箱框结构接合形式

"32mm"系列自装配家具：安装五金件与圆榫所必需的圆孔由钻头间距为 32mm 的排钻加工完成。为获得良好的连接，"32mm 系统"就此在实践中诞生，并成为世界板式家具的通用体系，现代板式家具结构设计被要求按"32mm 系统"规范执行。32mm 系列自装配家具，其最大的特点是产品就是板件，可以通过购买不同的板件，而自行组装成不同款式的家具，用户不仅仅是消费者，同时也参与设计。因此，板件的标准化、系列化、互换性应是板式家具结构设计的重点。

（3）木家具的加工

1）加工技术

包括木材切削、木材干燥、木材胶合、木材表面装饰等基本加工技术，以及木材保护、木材改性等功能处理技术。

木材切削：有锯、刨、铣、钻、砂磨等方法。由于木材组织、纹理等的影响，切削的方法与其他材料有所不同。木材含水率对切削加工也有影响，如单板制法与木片生产需湿材切削，大部加工件则需干材切削等。

　　木材干燥：通常专指成材干燥。其他木质材料如单板、刨花、木纤维等的干燥，都分别是胶合板、刨花板、纤维板制造工艺的组成部分。

　　木材胶合：木材胶粘剂与胶合技术的出现与发展，不仅是木材加工技术水平提高的主要因素，也是再造木材和改良木材，如各种层积木、胶合木等产品生产的前提。

　　木材表面涂饰：其最初是以保护木材为目的，如传统的桐油和生漆涂刷；后来逐渐演变为以装饰性为主，实际上任何表面装饰都兼有保护作用。人造板的表面装饰，可以在板坯制造过程中同时进行。木材保护包括木材防腐、防蛀和木材阻燃等，系用相应药剂经涂刷、喷洒、浸注等方法，防止真菌、昆虫、海生钻孔动物和其他生物体对木材的侵害；或阻滞火灾的破坏。木材改性是为提高或改善木材的某些物理、力学性质或化学性质而进行的技术处理。

　　2）加工流程（图4-16、图4-17）

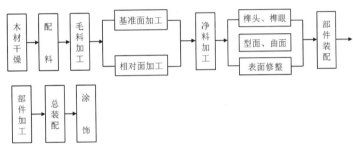

图4-16　框架家具生产加工流程

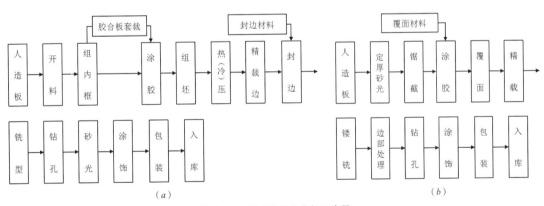

图4-17　板式家具生产加工流程
（a）板件结构为榫状空心板的生产工艺流程；（b）板件结构为实心板的生产工艺流程图

4.3　竹藤家具材料、结构与工艺

4.3.1　竹藤家具概述

　　竹材、藤材同木材一样，都属于自然材料。竹材坚硬、强韧；藤材表面光滑，质地坚韧、富于弹性，且富有温柔淡雅的感觉。竹、藤材可以单独用来制作家具，也可以同木材、金属材料配合使用。

4.3.2 竹材家具（图 4-18）

（1）优缺点

优点：富有韧性和弹性，质地坚硬，抗弯能力强，不易折断，高温下易变软，易弯曲成型，能制成竹篾（图 4-19）。由于竹子的速生性，其可持续性要优于木材。

缺点：刚性差，易受虫蛀，不耐高温，易燃，易裂。

（2）材料种类

骨材：质地坚硬，不弯，力学性能好。如：刚竹，毛竹，石竹等。

篾材：质地坚韧，柔软，竹壁较薄竹节较长。如：慈竹，水竹，淡竹等。

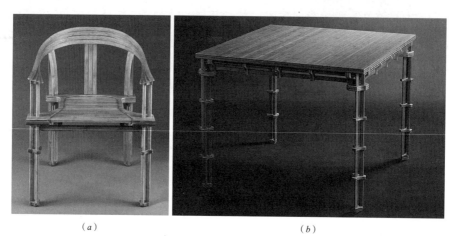

（a）　　　　　　　　　　　　　　（b）

图 4-18　竹材家具

（a）中式竹椅；（b）竹制桌子

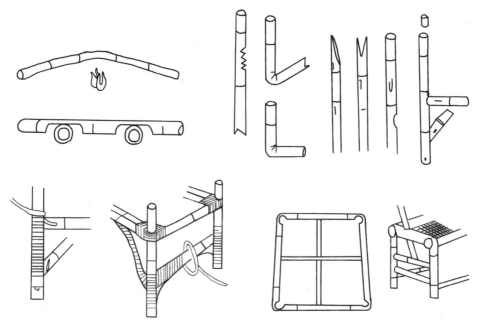

图 4-19　竹材家具特性

4.3.3　藤材家具（图4-20）

（1）优点：色彩与质感温柔，藤心与藤皮都可做料。藤心做骨架；藤皮韧性与抗拉强度大，用做编织面材与绑扎，加工方便，坚实有力，富有弹性（图4-21）。

（2）缺点：刚性差，易燃，易裂。

（a）

（b）

图4-20　藤材沙发

（a）单人流线型沙发；（b）组合沙发

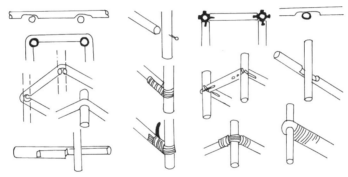

图4-21　藤材家具基本接合方法

4.3.4　合成结构与工艺

（1）竹藤家具的构造

可以分为两部分：骨架和面层。竹藤家具的骨架可以采用竹杆或粗藤条制作（图4-22），可采用木质骨架，也可采用金属框架做为骨架。竹藤家具的面层，一般采用竹篾、竹片、藤条、芯藤、皮藤编织而成（图4-23），也可采用树脂仿制材料。

图4-22　以粗藤条为骨架的竹藤家具

图4-23　以竹篾为面层的竹藤家具

（2）骨架的接合方法（图4-24）

弯接法：一般采用锯口弯曲的方法，将竹材锯口后弯曲与另一竹材相接。

缠接法：这种方法是竹藤家具中最为常用的一种方法，先在被连接的竹材上钉孔，再用藤条进行缠绕。

插接法：这种方法是竹家具的独用的接合方法，用于竹杆之间的接合，在较大的竹管上开孔，然后将较小竹管插入，并用竹钉锁牢。

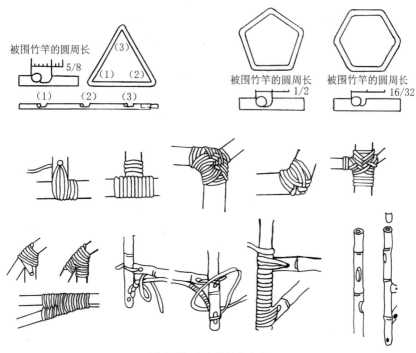

图4-24　骨架的接合方法

（3）竹藤编织的方法（图4-25）

单独编织法：用藤条编织成结扣和单独的图案。结扣用于连接构件，图案用于不受力的编织面上。

连续编织法：是一种用四方连续构图方法编织组成的面。采用皮藤、竹篾等扁平材料编织称扁平编织，采用圆形材编织称为圆材编织。

图案纹样编织法：用圆形材构在各种形状和图案，安装于家具的框架上，起装饰作用及对受力构件的辅助支承作用。

4.4　金属家具材料、结构与工艺

4.4.1　金属家具概述

主要部件由金属所制成的家具称金属家具（图4-26）。根据所用材料来分，可分为：全金属家具（如：保险柜、钢丝床、厨房设备、档案柜等）；金属与木结合家具；金属与非金属（竹藤、塑料）材料结合的家具。

图 4-25 竹藤编织的方法

(a)   (b)   (c)

图 4-26 金属家具分类

(a) 全金属家具；(b) 金属与木结合家具；(c) 金属与非金属材料结合的家具

4.4.2 金属家具主要材料

(1) 钢材（含碳量 0.03% ~ 2%）

1) 特点：坚固耐用，强度高、韧性好，用途广泛。

2) 分类：

钢板：0.2 ~ 4mm 薄钢板除锈喷涂处理

钢管：方、圆、异形

其他种类：圆钢、扁钢、角钢

(2) 铝合金材

特点：重量轻，足够强度，加工方便，防腐性好。

(3) 铸铁（含碳量 2% 以上）

特点：铸造性好，价格低，重量大，强度高，易锈蚀。常用做底座，支架。

(4) 锻铁（含碳量 0.15% 以下）

特点：不适合铸造，适合锻制。易加工成金属艺术品。

4.4.3　金属家具的连接形式

金属家具的连接形式主要可分为：焊接、铆接、螺钉连接、销连接、套管连接（图 4-27）。

(1) 焊接

可分为气焊、电弧焊、储能焊。牢固性及稳定性较好，多应用于固定式结构。主要用于受剪力、载荷较大的零件。

(2) 铆接

主要用于折叠结构或不适于焊接的零件，如轻金属材料。此种连接方式可先将零件进行表面处理后再装配，给工作带来方便。

(3) 螺钉连接

应用于拆装式家具，一般采用来源广的紧固件，且一定要加防松装置。

(4) 销连接

销也是一种通用的连接件，主要应用于不受力或受较小力的零件，起定位和帮助连接作用。销的直径可根据使用的部位、材料适当确定。起定位作用的销一般一少于两个；起连接作用的销的数量以保证产品和稳定性来确定。

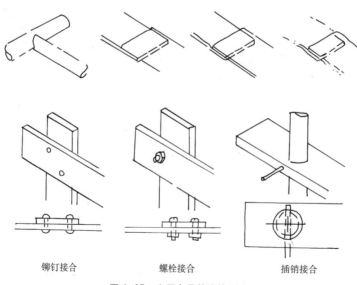

铆钉接合　　　　　螺栓接合　　　　　插销接合

图 4-27　金属家具的连接形式

4.4.4 金属家具基本结构

金属家具的结构分为：固定结构、拆装结构、折叠结构、插接结构。

（1）固定结构

通过焊接的形式将家具五金配件的零部件拼命在一起。此结构受力及稳定性较好，办公家具有利于造型的整体性设计，但表面处理较复杂，占用空间较大，摆设不够灵活，运输不便。

（2）拆装结构

将产品分成几个大的部件，部件之间用螺栓、螺钉、螺母连接（加紧固装置），有利于电镀、运输。要求零部件加工精度高、标准化程度高，以利于实现家具配件零部件、连接件的互换性。

（3）折叠结构

又可分为折动式与叠积式家具。常用于桌、椅类。

1）折动式家具：利用平面连杆机构的原理，应用两条或多条折动连接线，在每条折动线上设置不同距离、不同数量的折动点，同时，必须使各个折动点之间的距离总和与这条线的长度相等（图4-28）。以铆钉连接为主。存放时可以折起来，占用空间小，便于携带、存放与运输、使用方便。

2）叠积式家具：不仅节省占地面积，还方便搬运。越合理的叠积（层叠）式家具，叠积的件数也越多（图4-29）。

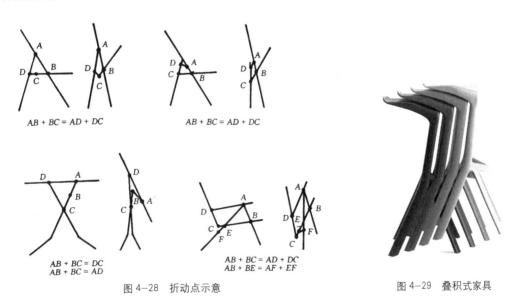

图4-28 折动点示意　　　　　　　　　图4-29 叠积式家具

（4）插接结构

零部件通过套管和插接头（二通、三通、四通）连接，将小管的外径套入大管的内径，用螺钉连接固定。要求插接的部位加工精度高、标准化高，零部件、连接件具有互换性。

4.4.5 金属家具的工艺

（1）加工工艺

1）管材的截断：进行管材截断的方法主要有四种：割切、锯切、车切、冲截。其中用金属车床切得的零件端面加工精度较高，一般用于管材需要使用电容式储能焊的零件加工；而冲截生产效率高，但冲口易产生缩瘪，因此应用面较窄。

2）弯管：弯管一般用做支架结构中，弯管工艺是指在专用机床上，借助型轮将管材弯曲成圆弧形的加工工艺。弯管一般可分为热弯、冷弯两种加工方法，热弯用于管壁厚或实心的管材，在金属家具中应用较少；冷弯在常温下弯曲，加压成型，加压的方式有机械加压、液压加压及手工加压弯曲。

3）打眼与冲孔：当金属零件采用螺钉接合或铆钉接合时，零件必须打眼或冲孔。打眼的工具一般采用台钻、立钻及手电钻。冲孔的生产率比钻孔高 2～3 倍，加工尺度较为准确，可简化工艺。有时在设计中会用到槽孔，槽孔可利用铣刀铣出。

4）表面处理：零件的表面要经过电镀或涂饰的处理，涂饰的方法有喷金属漆或电泳涂漆。

（2）生产工艺流程（图 4-30）

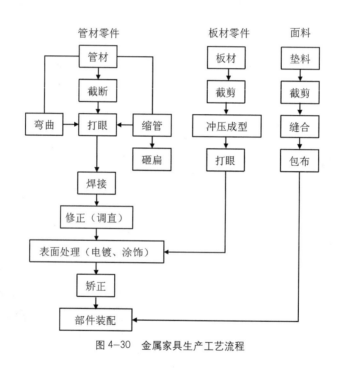

图 4-30　金属家具生产工艺流程

4.5　塑料家具材料、结构与工艺

4.5.1　塑料家具概述

塑料是现代家具设计和造型影响最大的材料。塑料也是生态材料，可回收利用和再生。塑料制成的家具具有天然材料家具无法代替的优点，尤其是整体成型自成一体，色彩丰富，防水防锈，成为公共建筑，室外家具的首选材料。塑料家具除了整体成型外，更多的是制成家具部件与金属、材料，玻璃配合组装成家具。

优点：质量轻，强度高，加工成型简便，色彩鲜艳，耐腐、耐磨性能好，易清洗，生产率高等。

缺点：在日光、大气、长期应力作用下，某种介质作用下发生老化、氧化、褪色、开裂、强度下降。

4.5.2　塑料家具主要材料

（1）按理化特性分

根据各种塑料不同的理化特性，可以把塑料分为热固性塑料和热塑料性塑料两种类型。

1）热塑性塑料：指加热后会熔化，可流动至模具冷却后成型，再加热后又会熔化的塑料，受热时变软，冷却时变硬，能反复软化和硬化并保持一定的形状。如聚乙烯、聚氯乙烯、聚丙烯、聚苯乙烯等。

2）热固性塑料：是指在受热或其他条件下能固化或具有不溶（熔）特性的塑料，具有耐热性高、受热不易变形等优点，缺点是机械强度一般不高。如酚醛塑料、环氧塑料等。

（2）按使用特性分

1）ABS 树脂（工程塑料）：最广泛使用，强韧，耐热，阻燃，不收缩变形，可锯，可刨，易于加工。可用于连接件、座椅背、座板。

2）聚氯乙烯树脂（PVC）：良好绝缘性与耐腐性，耐燃性差，燃烧会产生有害气体。主要用于封边件、插条件。

3）聚乙烯树脂（PE）：可用于合成木材，保鲜膜。

4）丙烯酸树脂（压克力树脂，有机玻璃，PMMA）：无色透明，强韧，耐腐，耐候性好。

5）聚氨酯发泡塑料（PU）：床垫，枕头，沙发软垫。

6）强化玻璃纤维（玻璃钢，FRP）：玻璃布与环氧树脂构成。用于公共场所及室外，强韧，耐腐，耐候性好，易清洁。

7）聚丙烯（PP）：用于五星脚、扶手、脚垫以及强度要求不高连接件。缺点是耐磨性差、表面硬度低。

8）聚碳酸酯（PC）：该品种也属透明材料，表面硬度高、耐划伤、耐冲击力强、强度高、耐候性好（即不怕阳光照射）。家具中屏风隔板阳光板便是此材料中空挤塑成型。

9）尼龙（PA）：主要用做脚垫、五星爪、脚轮等耐磨、寿命要求高的地方。特点：耐磨、耐压、高强度室内使用寿命长，缺点是在太阳底下晒易改变性能、易断、耐候性差。

（3）塑料家具结构

采用注塑结构，即塑料为原料，发泡处理，织物包衬，其整体性好、雕塑感强。

（4）塑料家具工艺

塑料不同的成型方法，可以分为膜压、层压、注射、挤出、吹塑、浇铸塑料和反应注射塑料等多种类型。

1）模压：膜压塑料多为物性的加工性能与一般固性塑料相类似的塑料。

2）层压：层压塑料是指浸有树脂的纤维织物，经叠合、热压而结合成为整体的材料。

3）注射、挤出和吹塑：其多为物性和加工性能与一般热塑性塑料相类似的塑料。

4）浇铸：浇铸塑料是指能在无压或稍加压力的情况下，倾注于模具中能硬化成一定形状制品的液态树脂混合料，如尼龙等。

5）反应注射：反应注射塑料是用液态原材料，加压注入膜腔内，使其反应固化成一定形状制品的塑料，如聚氨酯等。

4.6 软体家具的结构与工艺

4.6.1 软体家具概述

软体家具传统工艺上是指以弹簧、填充料为主，在现代工艺上还有泡沫塑料成型以及充气成型的具有柔软舒适性能的家具，是一种应用很广的普及型家具。其种类有：沙发、座椅、坐垫、床垫、床榻等。

4.6.2 软体家具结构

（1）支架结构

支架结构有传统的木结构、钢制结构、塑料成型支架及钢木结合结构。

（2）充气结构

其主要的构件是由各种气囊组成，并以其表面来承受重量。气囊主要由橡胶布或塑料薄膜制成。其主要的特点是可自行充气组成各种家具，携带或存放方便，但单体的高度因要保持其稳定性而受到限制。充气家具多用于旅游家具，如各种沙滩椅、各种轻便沙发、浮床等（图4-31）。

（3）薄型软体结构

这种结构也叫半软体结构，如用藤面、绳面、布面、皮革面、塑料纺织面、棕绷面及人造革面等材料制成的产品，也有部分用薄层海绵的。这些半软体材料有的直接纺织在座框上，有的缝挂在座框上，有的单独纺织在木框上再嵌入座框内（图4-32）。

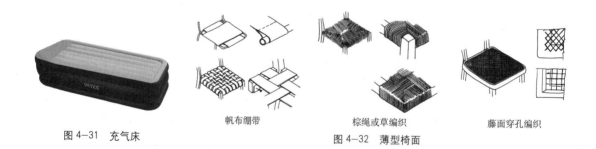

图4-31 充气床

帆布绷带　　棕绳或草编织　　藤面穿孔编织

图4-32 薄型椅面

（4）厚型软体结构

厚型软体结构可分为二种形式。

1）弹簧结构：利用弹簧作软体材料，然后在弹簧上包覆棕丝、棉花、泡沫塑料、海绵等，最后再包覆装饰布面。弹簧有盘簧、拉簧、弓（蛇）簧等（图4-33）。

2）现代沙发结构：整个结构可以分为两部分，一部分是由支架蒙面（或绷带）而成的底胎；另一部分是软垫，由泡沫塑料（或发泡橡胶）与面料构成（图4-34）。

4.6.3 软体家具工艺

沙发工艺流程（图4-35、图4-36）

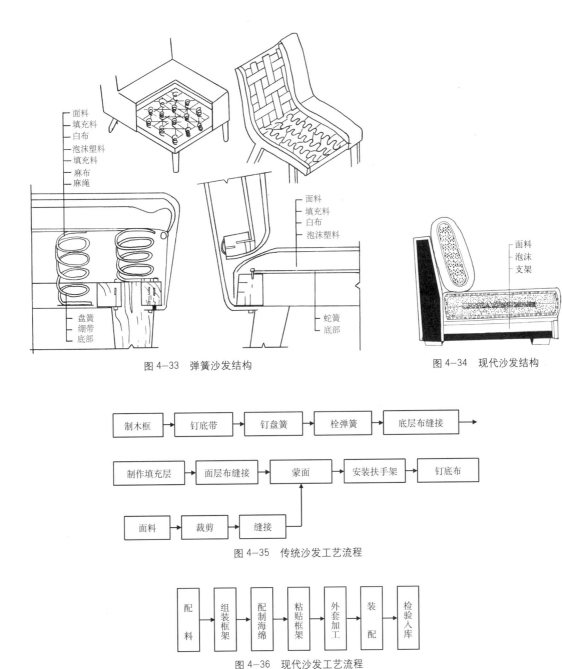

图 4-33 弹簧沙发结构

图 4-34 现代沙发结构

图 4-35 传统沙发工艺流程

图 4-36 现代沙发工艺流程

4.7 辅助家具

4.7.1 玻璃

玻璃具有平滑、光洁、透明的独特材质美感,现代家具的一个流行趋势就是把木材、铝合金、不锈钢与玻璃相结合,极大地增强了家具的装饰观赏价值,现代家具正在走向多种材质的组合,在这方面,玻璃在家具中的使用起了主导性作用。

由于玻璃现代加工技术的提高,雕刻玻璃、磨砂玻璃、彩绘玻璃、车边玻璃、镶嵌夹丝玻璃、冰花玻璃、热弯玻璃、镀膜玻璃等各具不同装饰效果的玻璃大量应用于现代家具,尤其是在陈列性、展示性家具以及承重不大的餐桌、茶几等家具上玻璃更是成为主要的家具用材，由于现代家具日益重视与环境、建筑、家居、灯光的整体装饰效果，特别是家具与灯具的设计日益走向组合，玻璃由于透明的特性，更是在家具与灯光照明的效果的烘托下起了虚实相生、交映生辉的装饰作用。

4.7.2 石材

石材因其天然色彩与肌理且质地坚硬，给人的感觉高档、厚实、粗犷、自然、耐久。

天然石材的种类很多，在家具中主要使用花岗石和大理石两大类。花岗岩中有印度红、中国红、四川红、虎皮黄、菊花青、森林绿、芝麻黑、花石白等。大理石中有大花白、大花绿、贵妃红、汉白玉等。在家具中石材多用于桌、台案、几的面板，发挥石材的坚硬，耐磨和天然石材肌理的独特装饰作用。同时，也有不少的室外庭园家具,室内的茶几，花台是全部用石材制作的（图4-37）。

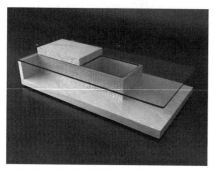

图4-37　以大理石为基座、玻璃为台面的茶几

人造大理石、人造花岗岩是近年来开始广泛应用于厨房,卫生间台板的一种人造石材。以石粉，石渣为主要骨料，以树脂为胶结成型剂，一次浇铸成型，易于切割加工，抛光，其花色接近天然石材，抗污力，耐久性及加工性、成型性优于天然石材，同时便于标准化部件化批量生产，特别是在整体厨房家具整体卫浴家具和室外家具中广泛使用。

4.7.3 纤维织物和皮革

室内装饰纤维织品主要包括地毯、墙布、窗帘、台布、沙发及靠垫等。这类纺织品的色彩、质地、柔软性及弹性等均会对室内的质感、色彩及整体装饰效果产生直接影响。合理选用装饰用织物，既能使室内呈现豪华气氛，又给人以柔软舒适的感觉。此外，还具有保温、隔声、防潮、防蛀、易清洗和熨烫等特点。纤维装饰品的应用历史悠久，如地毯的使用已有数个世纪。特别在出现了优质的合成纤维和改进的人造纤维后，室内的墙板、天花板、地板等处都广泛采用优质纤维织品作装饰材料、隔热材料和吸声材料（图4-38）。因原料的种类与材质不同，纤维的内部构造及化学、物理力学性能也不相同。加之使用形态与纺织方法的差异，纤维织品的外观及其他性质也不相同。因此，要正确恰当地选择纤维织品作为室内景观、光线、质感与色彩的烘托材料，必须了解其材料组成、性能特点及加工方法等。装饰纤维织品虽然已经大量使用，但一般使用者对它的性能并未完全掌握，这一点要引起注意。巴西设计师 Humberto Damata 通过纬纱技术设计制作了 cloud collection 编织家具，一系列线条相互交织，创造了新的视觉印象和触觉体验（图4-39）。

皮革是动物皮经过去肉、脱脂、脱毛、软化、加脂、鞣制、染色等物理、化学加工过程，所得到的符合人们使用目的要求的产品，简称皮革。革与皮不同，革遇水不膨胀、不腐烂、耐湿热稳定性好;革具有一定的成型性、多孔性、挠曲性和丰满度等;革既保留了生皮的纤维结构，又具有优良的物理性能。皮革在家具和室内装饰中主要用于墙面局部软包、门和沙发等家具的包缚材料，具有保暖、吸声、防止磕碰的功能和高贵豪华的艺术效果（图4-40）。

图 4-38 纤维织物装饰

图 4-39 纤维编织凳

图 4-40 皮革软包

4.7.4 五金配件

拆装式家具的问世，人造板材的广泛应用，以及"32mm 系统"产生和发展，为现代家具五金配件的形成与发展奠定了坚实的基础。

家具五金可分为锁、连接件、铰链、滑道、位置保持装置、高度调整装置、支承件、拉手、脚轮等（图 4-41）。

（1）锁

锁主要用来锁住门与抽屉，根据锁用于部件的不同，可分为玻璃门锁、柜锁、移门锁等等。柜锁与移门锁的安装，只需在门板或抽屉面板上开 20mm 圆孔，用螺钉固定；玻璃门锁则需在顶板或底板上开锁舌孔。

（2）连接件

分为固定和拆装两大类（图 4-42）。

拆装连接件按其扣紧方式可分为：螺纹啮合式、凸轮提升式、斜面对插式、膨胀销接式及偏心螺纹啮合式等等。其中凸轮提升式连接，应用最为广泛，又称为偏心连接件。

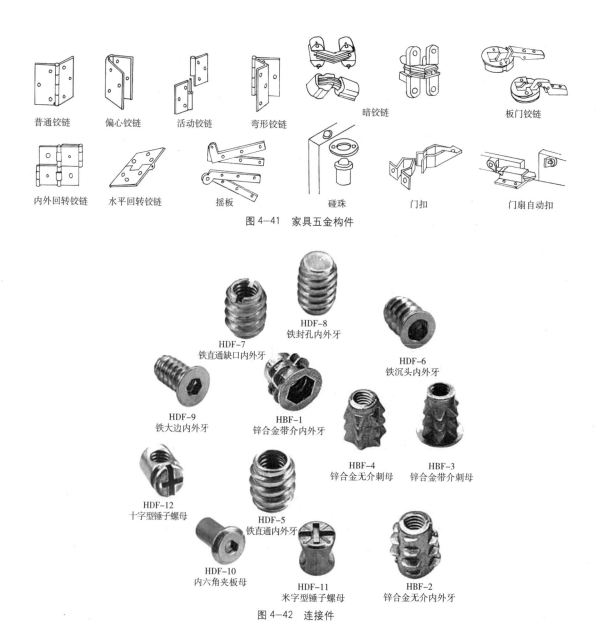

普通铰链　　偏心铰链　　活动铰链　　弯形铰链　　　　　暗铰链　　　　　　　板门铰链

内外回转铰链　　水平回转铰链　　摇板　　　　碰珠　　　　　门扣　　　　　门扇自动扣

图4-41　家具五金构件

HDF-7
铁直通缺口内外牙

HDF-8
铁封孔内外牙

HDF-6
铁沉头内外牙

HDF-9
铁大边内外牙

HBF-1
锌合金带介内外牙

HBF-4
锌合金无介刺母

HBF-3
锌合金带介刺母

HDF-12
十字型锤子螺母

HDF-5
铁直通内外牙

HDF-10
内六角夹板母

HDF-11
米字型锤子螺母

HBF-2
锌合金无介内外牙

图4-42　连接件

　　偏心连接件由圆柱塞母、吊杆及塞孔螺母等组成，吊杆的一端是螺纹，可连入塞孔螺母中，另一端通过板件的端部通孔，接在开有凸轮曲线槽内，当顺时针拧转圆柱塞母时，吊杆在凸轮曲线槽内被提升，即可实现两部分之间的垂直连接。在加工生产时，在一板上需钻5mm×13mm深的孔，并预埋塞孔螺母；而在与之配合的垂直板件上离边25mm（33mm、29.5mm，根据吊杆的长度不同选择）钻15mm×13mm深的孔，装圆柱塞母，并在板端钻通孔用来穿过吊杆。

　　（3）铰链

　　铰链的品种很多，有铰链、门头铰、玻璃门铰、杯型暗铰链、专用特种铰链等。其中，最为常用且技术难度最大的为暗铰链，暗铰链有直臂、小曲臂和大曲臂之分（有不同的B值），以分别适用于全盖门、半盖门和嵌门。以直径为25mm及35mm杯径产品为主（常用的为35mm）。开启角度为 90°～180°。一般情况下装暗铰链的门在开启过程中会向前移位，开成 90° 时，门的内侧面将超出旁板的内侧面，所以，在设计柜内的抽屉或放置衣盒时，要预留充分的空间。当然，也有专门用于带抽屉柜的暗铰链。为实现门的自弹与自闭，现在的暗铰链一般附有弹簧机构，有的弹性机构可在开启角达到 45° 以上时空中定位，以免松手时门猛烈弹向关闭而发出巨大声响并损坏柜体。

(4) 滑道

最常用的为抽屉道轨及门滑道，此外还有电视柜、餐台面用的圆盘转动装置、卷帘门用的环型底路、铰链与滑道的联合装置（如电视机柜内藏门机构）等。

1) 抽屉道轨：抽屉滑道根据其滑动的方式不同，可以分为滑轮式和滚珠式；根据安装位置的不同，又可分为托底式、中嵌式、底部两侧安装式、底部中间安装式等；根据抽屉拉出距离柜体的多少可分为：单节道轨、双节道轨、三节道轨等。三节道轨多用于高档或抽屉需要完全拉出的产品中。产品有多种规格，一般用英制，可根据抽屉侧板的长度自由选择。

2) 门滑道：家具的门，除采用转动开启方式外，还可平移、转动—平移、折叠平移等多种开启方式。采用平移或兼有平移功能的开启方式，可以省去转动开门时所必需的空间，所以门滑道在越来越多的产品中被广泛应用。

3) 门开启方式：以最常用的移门滑道为例，它主要由滑轮、滑轨、和限位装置组成，根据承载能力的安装方式不同，可选择多种不同形式的产品。在门板上下钻孔装滚轮，并用螺钉固定在门板上；在柜体的顶板底面与底板面分别开槽，安装导轨及限位装置。安装具体技术要求尺寸。拆叠－平移开启方式，将滑动装置与铰链结合起来，以实现柜门的开启。

(5) 位置保持装置

主要用于活动部件的定位，如门用磁碰、翻门用吊杆等（图 4-43）。

(6) 高度调整装置

主要用于家具的高度与水平的调校，如脚钉、脚垫、调节脚以及为办公家具特别设计的鸭嘴调节脚等（图 4-44）。

(7) 支承件

主要用于支承家具部件，如搁板销、玻璃层板销、衣棍座等（图 4-45）。

(8) 拉手

属于装饰五金类，在家具中起着重要的点缀作用，其形式和品种繁多，有金属拉手、大理石拉手、塑料拉手、实木拉手，瓷器拉手等，还有专门用于趟门的趟门拉手（挖手）（图 4-46）。

(9) 脚轮

脚轮常装于柜、桌的底部，以便移动家具（图 4-47）。根据连接方式的不同，可分为平底式、丝扣式、插销式三种方式。又可以装置刹车，当踩下刹车，可以固定脚轮，不使其滑动。平底式采用螺钉接合，丝扣式采用螺钉与预埋螺母接合，插销式采用插销与预埋套筒接合。

(10) 其他

除以上九大类五金件外，还有为现代自动化办公家具而特别设计的五金件（如用于走各种线而设计的线槽、线盒）以及各类装饰五金件等（图 4-48）。

图 4-43 翻门用吊杆

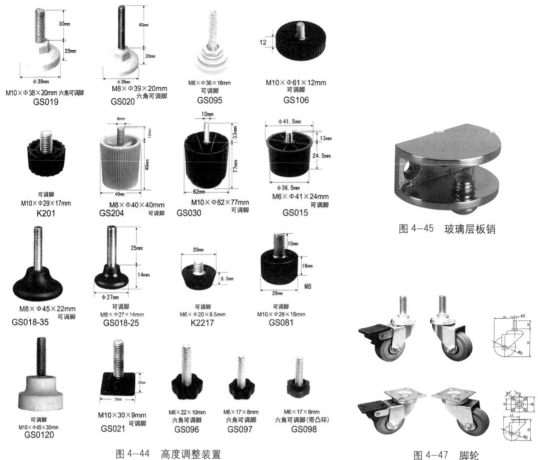

M10×Φ38×20mm 六角可调脚
GS019

M8×Φ39×20mm 六角可调脚
GS020

M8×Φ36×16mm 可调脚
GS095

M10×Φ61×12mm 可调脚
GS106

可调脚
M10×Φ29×17mm
K201

M8×Φ40×40mm 可调脚
GS204

M10×Φ62×77mm 可调脚
GS030

M6×Φ41×24mm 可调脚
GS015

图4-45 玻璃层板销

M8×Φ45×22mm 可调脚
GS018-35

Φ27mm 可调脚
M8×Φ27×14mm
GS018-25

可调脚
M6×Φ20×8.5mm
K2217

可调脚
M10×Φ26×16mm
GS081

可调脚
M10×Φ45×30mm
GS0120

M10×30×9mm 可调脚
GS021

M8×22×10mm 六角可调脚
GS096

M6×17×8mm 六角可调脚
GS097

M6×17×8mm 六角可调脚(带凸环)
GS098

图4-44 高度调整装置

图4-47 脚轮

图4-46 拉手

图4-48 线槽

4.7.5 胶料

分为动物胶，合成树脂胶两类。

（1）动物胶

以动物的皮、骨或筋等为原料，将其中所含的胶原经过部分水解、萃取和干燥制成的蛋白质固形物，有蛋白胶、骨胶、皮胶、虫胶等。其特点有：热溶性，冷却后变干，黏结强度大，耐水差，遇水后会产生水溶（加甲醛）。

(2) 合成树脂胶

用合成树脂制成的胶黏剂，有酚醛树脂胶、尿醛树脂胶、聚醋酸乙烯树脂胶（乳白胶）、乙烯－聚醋酸、乙烯树脂胶等。其特点有：前三类为常温液态，固化时间长，需加压固定；后者冷固胶合速度快。

作业五　家具材料调研

作业标题：

家具材料调研。

作业形式：

PPT 汇报。

作业内容：

参观家具与材料市场，搜集相关资料，制作 PPT 并报告。学生根据要求制作家具材料图表，图表中包括材料的图片、名称、品牌、型号、特点、单价和规格。按教材中关于材料分类方式分组调研。

作业要求：

1. 小组形式，组员分工协作完成，每组选择某一类材料调研；

2. 数量充足，图片清晰且能够说明情况；

3. 汇报详尽，描述全面。

评分标准：

家具材料调研评分标准				
序号	分项	总分	分项标准	分项分值
1	汇报	40	陈述流畅	20
2			问题解答清晰	10
3			与小组成员协同合作默契	10
4	内容	60	PPT编排精良，有一定创意	20
5			覆盖面广，内容充实完整	20
6			照片与文字齐全并符合要求	20
总计			100	

小结评语：

通过本节学习，结合作业训练，使学生熟悉家具的常用用材种类、特性、规格等，掌握家具的基本结构形式、特征及适用对象，熟悉家具的基本构造与作法，培养学生具有辨识各类常用家具材料的能力，综合把握家具的材料、结构与构造等物质技术条件，为之后的家具设计奠定基础。

5

模块五　家具装饰工艺

教学目的：

1. 熟悉家具装饰工艺的定义、原则。

2. 了解家具装饰的类别与工艺。

所需课时：

8 ~ 12

自学学时：

8 ~ 12

推荐读物：

1. 孙德彬 . 家具表面装饰工艺技术 [M]. 北京：中国轻工业出版社，2009.

2. 高阳，门琳，曾亚奴 . 中国传统家具装饰 [M]. 广州：百花文艺出版社，2014.

3. 唐开 . 家具装饰图案与风格 [M]. 北京：中国建筑工业出版社，2014.

4. 陶涛 . 家具制造工艺 [M]. 北京：化学工业出版社，2011.

5. 江功南 . 家具制作图及其工艺文件 [M]. 北京：中国轻工业出版社，2011.

重点知识：

1. 家具装饰部位及其作用。

2. 家具装饰类别与特性。

难点知识：

1. 各项工艺的流程。

2. 装饰类别的分辨与实际应用。

5.1 家具装饰概述

5.1.1 概念

家具装饰是指用涂饰、贴面、烙花、镶嵌、雕刻等方法对家具表面进行装饰性加工的过程。是对家具形体表面的美化，是改善家具外观的一个重要方面。具有与造型相协调的色彩、光泽、纹理，有效地遮盖瑕疵，使人们产生美感和舒适感，并且在家具表面覆盖一层具有一定耐水、耐热、耐候、耐磨、耐化学腐蚀的保护层，既可以达到保护家具，延长使用寿命的目的，且能提高家具的档次，是增进经济效益的一种有效方式。

5.1.2 家具装饰的类型

家具装饰可繁可简、形式多样。在装饰手法上有手工和机械之分。在用料上有自然和人工之分；在顺序上有先后和同时之分。

（1）功能性装饰：主要包括涂饰装饰和贴面装饰。

（2）艺术性装饰：主要包括雕刻装饰、模塑件装饰、镶嵌装饰、烙花装饰、绘画装饰和镀金属装饰。

5.1.3 家具装饰的原则

家具装饰的形式和装饰的程度，应根据家具的风格和产品档次而定。现代家具主要是通过色彩和肌理对家具表面进行美化，达到装饰的目的。对于传统家具，主要是应用特种装饰工艺，有节制地对家具的某些部位进行装饰，体现出某种装饰风格和艺术特色。

5.1.4 家具装饰部位及其作用

（1）线型与线脚

线型：为了丰富家具的外观形象，可以把家具的面板、顶扳、旁板等部件的可见边缘部分设计成型面，即线型装饰。同时，家具中所处不同部位的不同部件对装饰线型的要求各异（图5-1）。

线脚：是一种在门上用对称的封闭线条构成图案达到美化家具的装饰方法。线脚一般以直线为主，在转角处配以曲线，通过线脚的变化与家具外形相互衬托，使家具富于艺术感（图5-2）。线脚的加工方法有：雕刻或镂铣，镶嵌木线、镀金线或金花线，局部贴胶合板。

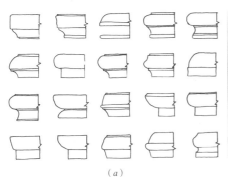

（a）

（b）

图5-2 线脚装饰家具

图5-1 线型

（a）常见线型样式；（b）线型装饰家具

（2）脚型与脚架

脚型：脚趾家具底部支撑主体的落地零件，脚型即脚的造型（图5-3）。家具的脚型设计直接关系到家具的造型美和紧固耐用性能。在设计与制作中应着重注意造型在家具上的稳定感与结构合理性。

脚架：指由脚和拉档（望板）构成的用以支撑家具主体部分的部件（图5-4）。拉档通常用于加强两腿之间的强度，也是接合四条腿的一种横向排列形式。

（3）顶饰与帽头

顶饰：指高于视线的家具顶部的装饰性部件，多指柜类家具的顶部装饰。是柜类家具除门面线脚与脚架装饰之外的另一重要装饰形式，多反映出一件家具的造型风格，常见于西洋传统柜类家具（图5-5）。

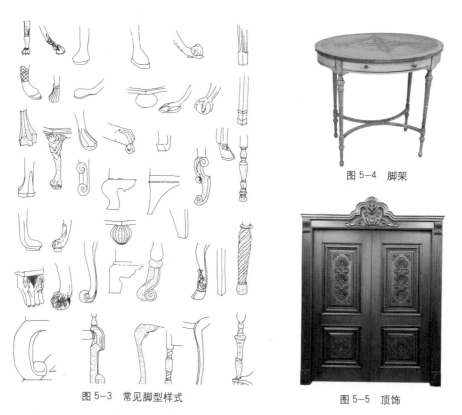

图5-4　脚架

图5-3　常见脚型样式

图5-5　顶饰

帽头：指家具框架部件上下两端水平零件，这里特指框架上端的水平零件。多见于柜类家具的顶部、椅背顶端和床屏的上部，是丰富家具造型的一种装饰形式（图5-6）。

（4）床屏与椅背

床屏：指床类家具端头连接支承床框（架）的部件。床屏是床类家具的主要装饰部件，也是卧室家具中最重要最活跃的装饰要素之一，它的装饰形式往往决定卧室家具的装饰风格，也是卧室家具的视觉中心（图5-7）。

椅背：指椅类家具中承受人体背部压力的部件。椅背的外形处于人们视线的显要位置，因而椅背的装饰形式对椅子的外观质量至关重要，同样功能尺寸的椅子可以有多种形式的椅背造型（图5-8）。

图 5-6 帽头　　　　　　　图 5-7 床屏　　　　　　图 5-8 多种形式的椅背造型

5.2 功能性装饰与工艺

5.2.1 贴面装饰与工艺

（1）种类

用胶粘剂将具有装饰效果的薄木、纸张、箔、薄膜粘在家具表面上的装饰方法。家具常用的贴面材料有薄木贴面、印刷装饰纸贴面、合成树脂浸渍纸或薄膜贴面和其他软饰面材料。

1）薄木贴面：用珍贵木材加工而得的薄木贴于人造板或直接贴于被装饰的家具表面的方法叫薄木贴面装饰（图 5-9）。这种方法可使普通木材制造的家具具有珍贵木材的美丽的纹理与色泽。这种装饰方法既能减少珍贵木材的消耗，又能使人们感受到少有的自然美。

2）印刷装饰纸贴面：用印有木纹或其他图案的装饰纸贴于家具基材——人造板或木材表面，然后用树脂涂料进行涂饰的方法（图 5-10）。用这种方法加工的产品具有木纹感和柔软感，也具有一定的耐磨性、耐热性和耐化学污染性，多用于中低档板式家具的装饰。

3）合成树脂浸渍纸或薄膜贴面：用三聚氰胺树脂装饰板（塑料贴面板）（图 5-11）、酚醛树脂或脲醛树脂等不同树脂的浸渍木纹纸、聚氯乙烯树脂或不饱和聚酯树脂等制成的塑料薄膜等材料，贴于人造板表面或直接贴在家具表面。应用广泛，可用于中高档家具的装饰，其纹理、色泽具有广泛的选择性。

（2）贴面工艺

在贴面面材料前，对素板进行定厚砂光或表面砂光，使厚度和表面粗糙度符合贴面质量要求；在砂光的素板表面进行单面涂胶或双面涂胶；然后在涂胶的表面上铺上装饰材料，用冷压机或热压机加压固化，使饰面材料与基材紧紧粘贴在一起；最后对贴好面的板材进行修边处理，完成贴面工作。

薄木贴面可用干贴工艺与湿贴工艺。干贴工艺是指，先将胶粘剂涂在基材上，待其固化后，再按设计图案将薄木拼贴上去。湿贴工艺是指薄木不经过干燥处理（含水率在 30% 以上）而直接胶贴在基材上的工艺，在基材表面涂胶，用剪切拼缝好的薄木组坯后贴于其上，放在冷压或热压机上胶压，胶压后检查薄木胶贴质量并作相应处理，最后板材边部修整，砂光。

（3）封边材料

常用的有实木条、单板条、带有背衬纸的单板连续卷带、封边用浸渍纸卷带以及 PVC 卷带等（图 5-12）。

图 5-9 薄木贴片

图 5-10 装饰纸贴面

图 5-11 三聚氰胺树脂装饰板

图 5-12 封边材料

5.2.2 涂料装饰与工艺

涂料装饰是将涂料涂布于家具表面，形成一层坚韧的保护膜的装饰方式。经涂饰处理后的家具，不但易于保持表面的清洁，而且能使木材表面纤维与空气隔绝，免受日光、水分和化学物质的直接侵蚀，防止木材表面变色和木材因吸湿而产生的变形、开裂、腐朽、虫蛀等，从而提高家具使用的耐久性。

(1) 种类

涂料装饰是用涂料、颜料、染料、溶剂等原辅材料，使用涂饰工具与设备，按一定的工艺操作规程将涂料涂布在家具表面上，直接改变家具表面光泽、色彩、硬度等理化性能的装饰方法。

1) 透明涂饰：显木纹涂饰，俗称"清水"，是采用各种透明涂料涂饰在由优质阔叶材或薄木贴面制成的家具表面的一种施工工艺过程。家具经透明涂饰后原有木纹仍能清晰地显现，使色彩更为美丽（图 5-13）。

2) 不透明涂饰：彩色涂饰，俗称"混水"，是采用不透明涂料涂饰在由针叶材或色彩纹理较差的家具表面的一种施工工艺过程。家具经涂饰后，原有木纹及颜色完全被遮盖，漆膜的色彩直接由所使用的各种不透明涂料形成（图 5-14）。

3) 大漆涂饰：大漆涂饰就是用一种天然的涂料对家具进行装饰，主要指生漆和精制漆。生漆是从漆树韧皮层内流出的一种乳白色粘稠液体，生漆经过日晒或加热脱水处理后即成为精制漆，又称熟漆。熟漆由于脱水而提高了与金属的附着力，使漆膜更光亮、更坚固耐用，多用于配制其他天然漆及涂刷金属、木材表面。大漆具有良好的理化性能与装饰效果。现主要用于名贵家具或出口工艺雕刻和艺术漆器（图 5-15）。

图 5-13 透明涂饰

图 5-14 不透明涂饰

图 5-15 大漆涂饰

(2) 涂饰工艺

1) 清水涂饰工艺（图 5-16）。

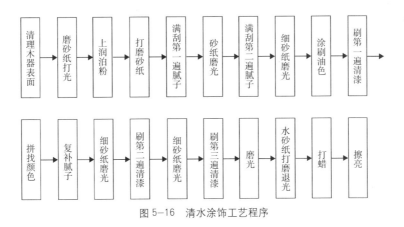

图 5-16　清水涂饰工艺程序

2) 混水涂饰工艺（图 5-17）。

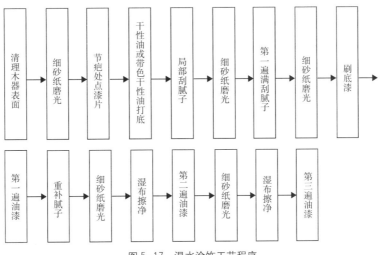

图 5-17　混水涂饰工艺程序

3) 大漆涂饰工艺（图 5-18）。

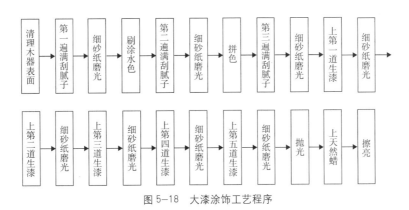

图 5-18　大漆涂饰工艺程序

5.3 艺术性装饰与工艺

5.3.1 雕刻装饰与工艺

（1）种类

家具的雕刻装饰按雕刻方法与特征分类，有线雕、平雕、浮雕、圆雕、透雕、留青、雕漆等（图5-19）。

1）线雕：也称凹雕，是用雕刻刀在木材表面刻出粗细、深浅不一的内凹线条来表现图案或文字等的一种雕刻方法，以表现书画的笔墨情趣，以刀代笔，以竹作纸，可表现出多种多样的山水花卉、古今人物等图案。线雕是以刻、划为主，讲究运刀；流畅之线条，运刀匀而挺；凝重之线条，运刀则钝而深。线雕有深刻和浅刻两种方法。

2）平雕：是将衬底铲去一层，使图案花纹凸出的一种雕刻方法。也有花纹图样凹陷的，凹陷较浅。所有花纹图案都在一个平面上。

3）浮雕：也称凸雕，是在木材表面刻出凸起的图案纹样，呈立体状浮于衬底面上，较平雕更富于立体感。浮雕既有刻又有雕，刻通常是二维的，雕则是三维立体的，雕比刻更形象更逼真、艺术含量更高。浮雕用刀凿、刻、划的层次有多种，以显示其丰富的形象。根据刻划的深浅程度，分为浅浮雕和高浮雕两种。高浮雕的层次多，所雕的形象也趋于圆浑。

4）圆雕：是一种立体状的实物雕刻形式，可供四面观赏，是雕刻工艺中最难得的一种。圆雕应用广泛，家具上往往利用它作为装饰件，尤其作为支架零件。

5）透雕：又叫穿空雕，是将装饰件镂空的一种雕刻方法。分为两种形式：在木板上把图案纹样镂空穿透成为透孔的叫阴雕；把木板上除图案纹样之外的衬底部分全部镂空的，仅保留图案纹样的称为阳透雕。

6）留青：是针对竹材而言，是竹刻难度最大的一种。利用竹子表面的竹青，将雕刻出的艺术形象部分的竹青留住，而把其余部分的竹青凿去，露出竹黄作为画面的底色，故又称皮雕。

（a）　　　　　　（b）　　　　　　（c）

（d）　　　（e）　　　（f）　　　（g）

图5-19　家具的雕刻装饰种类

（a）线雕；（b）平雕；（c）浮雕；（d）圆雕；（e）透雕；（f）留青；（g）雕漆

7）雕漆：雕漆工艺，是把天然漆料在胎上涂抹出一定厚度，再用刀在堆起的平面漆胎上雕刻花纹的技法。由于色彩的不同，亦有"剔红"、"剔黑"、"剔彩"及"剔犀"等不同的名目。

（2）雕刻刀法

1）平刀块面法：主要是在凿坯时用平刀大块面地切削出作品的轮廓和结构部分，使其产生粗犷有力的斧劈刀削感。

2）圆刀雕琢法：圆刀雕琢法是以大大小小不规则的凹凸形成体积，并在表面造成自然、浑厚、拙朴的美感。圆刀刀法刻出的形体轮廓比较含糊，产生的凹凸感又比较清晰，所以很适合探索表现各种物体的质感和肌理效果，作为浮雕的表面处理，俗称"麻底子"，也是一种极好的起衬作用的表现手法。

3）平刀块面法结合圆刀雕琢法：一方面是光滑细腻，另一方面是粗糙毛涩，两者会形成强烈的质感对比，使作品产生丰富有趣的表现力。

（3）雕刻方式

雕刻技法主要表现在削减意义上的雕与刻，就是由外向内，一步一步通过减去废料，循序渐进地将形体挖掘显示出来。雕刻方式有三种，分别是机器雕刻、手工雕刻、贴膜雕刻。

1）机器雕刻：首先根据需要、尺寸，确定需要雕刻的图案，然后把这些尺寸规格输入电脑，生成雕刻程序，然后雕刻机根据这些程序按一定顺序，有条不紊地进行雕刻。由于机器本身的限制，一般只能做浮雕，不能做圆雕、透雕、通雕。因而所雕刻的花纹，缺乏立体感、生命力。

2）纯手工雕刻：是花费时间最长，耗费人力、财力、物力最多的一种雕刻方法。纯手工雕刻，雕刻师傅完全依靠个人精湛的技艺，在不借助任何外力的情况之下，根据木材的形状、木材的尺寸，按照艺术思维描绘雕花图案，然后运用雕刻工具一步一步地雕刻。这样雕刻出来的花纹，都不一样，活灵活现，是雕刻大师精湛技艺的体现。

3）贴膜雕刻：操作人员通过在电脑上画图案，设计的图案要按照要求，如客户需求，板的尺寸，打印出来，再将有雕花的图纸贴在木板上，然后雕刻人员根据所贴的图案的线路，用手工进行雕刻。这样的雕刻花纹基本上一致，产品差异性小，跟纯手工雕刻相比，显得呆板，没有灵性，个性感和艺术感不强。

5.3.2 模塑件装饰与工艺

模塑件装饰就是用可塑性材料经过模塑加工得到具有装饰效果的零部件的装饰方法。既可以生产雕刻图案纹样附着于家具主体进行装饰，也可以将雕刻件与家具部件一次成型。模塑装饰既具有与雕刻件同样精确的形状，而且可以仿制出木材的纹理和色泽，是运用机械手段批量生产传统家具的有效方法。

5.3.3 镶嵌装饰

先将不同颜色的木块、木条、兽骨、金属、玉石、象牙等，组成平滑的花草、山水、树木、人物以及各种题材的图案纹样，然后再嵌粘到已刻好花纹槽（沟）的家具部件的表面上，这种装饰法方法称为镶嵌装饰（图5-20）。

(a)   (b)
图 5-20 镶嵌装饰
(a) 木桶镶嵌装饰；(b) 凳子镶嵌装饰

（1）镶嵌形式

家具镶嵌可分为雕入嵌木、锯入嵌木和贴附嵌木、铣入嵌木等四种形式。

1）雕入嵌木：利用雕刻的方法嵌入木片，即把预先画好的图案与花纹的薄板，用钢丝锯锯下，把图案花纹挖掉待用。另外将被挖掉的图案花纹转描到被嵌部件上，用平刻法把它雕成与图案薄板厚度一样的样式（略浅些），并涂上胶料，再嵌入已挖好的图案薄板内。

2）锯入嵌木：锯入嵌木原理类似于雕入嵌木，是利用透雕方法把嵌材嵌入底板的，因此这种嵌木两面相同。制作方法是先在底板和嵌材上绘好完全相同的图形，然后把这两块对合，将图案花纹对准，用夹持器夹住，再用钢丝锯将底板与嵌木一起锯下，然后把嵌材图案嵌入底板的图案孔内。

3）贴附嵌木：贴附嵌木实际上是贴而不嵌。就是将薄木片制成图案花纹，用胶料贴附在底板上即成。这种工艺已为现代薄木装饰所沿用。

4）铣入嵌木：铣入嵌木即将底板部件用铣床铣板槽（沟），然后把嵌件加胶料嵌入。

（2）镶嵌材料

1）木嵌：一般是用一种浅色但也是名贵的木材制成镶嵌的部件，靠木质色彩对比来突出主题，如黄花梨嵌楠木，或楠木嵌黄花梨等。

2）螺钿嵌：螺钿是螺和贝类的壳体材料，这些材料的内面在光下会发出多彩的光泽，用这些漂亮的壳体处理成片状后加工成花卉、树叶、鸟儿、器具或其他吉祥图案等形状，然后在需要镶嵌的地方做出同样的下凹造型，通过挂接或直接用漆胶粘合后刮磨打光。清代家具用螺钿镶嵌较多，多用于屏风、柜门、箱体的镶嵌。

3）银丝嵌：又叫"红木嵌丝"。其工艺方法是，先将白银加工成很细的银丝，并设计出适合家具各个部位的二方连续的纹样，然后将画有纹样的绵纸贴在硬木家具的表面，干后，依纹样的弯曲平直，选用与纹样同形状的薄口小刻刀，依纹样凿刻出一道浅槽，每凿刻数刀，便将银丝压嵌入槽内。待全部银丝嵌完后，用木槌轻轻敲实至平，再经打磨后，便可上蜡或擦漆了，家具的表面便有工整华美的银丝图案。

4）牛骨嵌：是把牛腿骨进行特殊处理后，制成装饰图案，镶嵌在硬木家具上。

5）珐琅嵌：是利用珐琅工艺制成平板状的各种饰片，然后镶嵌在硬木家具相应的表面，使硬木家具有豪华的风格。多见于清式家具。

6）云石嵌：即嵌大理石。在家具上嵌有花纹的大理石作为面板，是明清家具常用的装饰方法。由于大理石有美丽而又变化无穷的纹理，在似与不似的意象中情趣横生。硬木家具上所选用的大理石一般均为上品。

7）瓷板画嵌：在家具上嵌有彩绘纹样的瓷板作为面板，是明清家具常用的装饰方法之一。由于彩绘瓷中不乏高档技艺，十分名贵，用来装饰硬木家具也颇有创意。

8）竹黄嵌：竹黄是去掉竹子青皮的竹内层，又叫竹肉，这虽然不是什么高档材料，但由于竹黄工艺品在清代流行，所以也有在硬木家具上镶嵌竹黄作为装饰纹样的。此类家具的数量虽不多，倒也十分名贵。

9）百宝嵌：名贵的硬木家具带动了金银、翡翠玉石、珠宝象牙、珊瑚松石等名贵材料的镶嵌，紫檀、黄花梨、老红木家具多是百宝镶嵌的载体。

5.3.4　烙花装饰

当木材被加热到150℃以上时，在木材炭化之前，随着加热温度的不同，在木材表面可以产生不同深浅的棕色，烙花就是利用这一性质获得的装饰画面，可以同时用于竹材。形成的装饰效果或淡雅古朴，或古色古香，或清新自由，多用于柜类家具的门、抽屉面、桌面等的装饰（图5-21）。对基材的要求是纹理细腻，色彩白净，其中以椴木为宜。

烙花的方法有笔烙、模烙、漏烙、焰烙、酸蚀等形式。

5.3.5　绘画装饰

绘画装饰就是用油性颜料在家具表面徒手绘制，或采用磨漆画工艺对家具表面进行装饰的方法，现多用于公益家具或民间家具（图5-22）。

图5-21　烙花装饰

（a）　　　　　　　　（b）

图5-22　绘画装饰
（a）田园花卉题材；（b）中国山水画题材

5.3.6　镀金属装饰

镀金属即家具表面金属化，也就是在家具装饰表面覆盖上一层薄金属。最常见的是覆盖金、银和铜，它可以使家具表面有贵重金属的外貌。加工方法上有贴箔、刷涂、喷涂、鎏金、金银错、预制金属化的覆贴面板等（图5-23）。

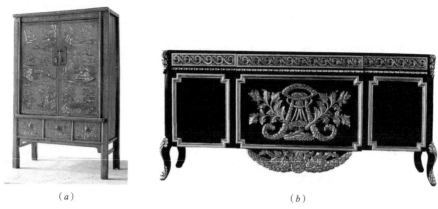

图 5-23　镀金属装饰
(a) 中式镀金属装饰；(b) 欧式镀金属装饰

(1) 贴箔

用涂料将极薄的金箔贴于制品上的雕刻花纹、图像、文字、边框等装饰部位，使之形成金光闪闪、永不褪色的金膜，以获得珍贵豪华的装饰效果。

金箔是由真金锻打加工而成，大为三寸方，小为一寸方不等，根据厚度不同可分为厚金箔、中金箔、薄金箔三种。厚金箔主要用于室外制品装饰，中金箔适用于家具及其他室内制品的装饰，薄金箔只适于圆雕、圆形及具有圆缘等制品的装饰。

工艺程序（图 5-24）：

(2) 刷涂

刷涂材料一般为金粉。金粉有真金粉与合金粉两种，真金粉是将金箔研磨而成，合金粉为铜锌合金的粉末。

工艺程序（图 5-25）：

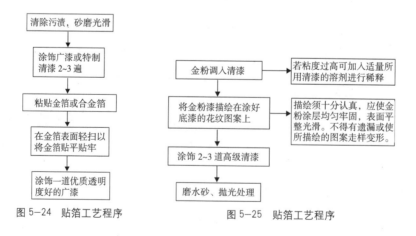

图 5-24　贴箔工艺程序　　　　图 5-25　贴箔工艺程序

(3) 鎏金

是自先秦时代即产生的传统金属装饰工艺，是一种传统的做法，至今仍在民间流行，亦称火镀金或汞镀金。在东周和汉代以后均颇为流行，是当时最值得称道的铜器表面装饰工艺之一，先后称为黄金涂、金黄涂、金涂、涂金、镀金，宋代始称鎏金，现代叫镀金。

工艺程序：煞（杀）金→抹金→开金→压光。

1）煞（杀）金：将黄金锻成金箔，剪成碎片，放入坩埚内加热至400℃左右，然后倒入汞，以搅动使金完全溶解于汞中，然后倒入冷水中使其冷却，逐成为银白色泥膏状的金汞合剂。

2）抹金：用磨炭打磨掉铜饰件器表面铜锈后，用"涂金棍"（铜制，将其一端打扁用酸梅汤涂抹后浸入汞内，反复多次，使其沾上一层汞，晾干即成）沾金泥与盐、矾的混合液均匀地抹在被器物表面，边抹边推压（现代匠师称此手法为"拴"，三分抹七分拴），以保证金属组织致密，与器物粘附牢固。

3）开金：以适当的温度经炭火温烤，使水银蒸发，黄金则固着于铜器上，其色亦由白色转为金黄色。

4）压光：用毛刷沾酸梅水刷洗，并用玛瑙或玉石制成的"压子"沿着器物表面进行磨压。使镀金层致密，与被铸器结合牢固，直到表面出现发亮的鎏金层。

（4）金银错

在铜器上错金银，习称"错金银"或"金银错"。金银错之"错"已用为动词，其义即用厝石加以磨错使之光平。

工艺程序（图5-26）：

（5）电镀

电镀是指在含有欲镀金属的盐类溶液中，以被镀基体金属为阴极，通过电解作用，使镀液中欲镀金属的阳离子在基体金属表面沉积出来，形成镀层的一种表面加工方法。

分类：按镀层材料可分为镀铬、镀锡、镀镉、镀锌、镀金、镀银、镀铜等，按电镀方式可分为挂镀、常规电镀、滚镀、电刷镀、脉冲电镀、电铸等，按镀层作用可分为装饰性电镀（如镀金、镀银、铜、镍、装饰铬电镀等）、防护性电镀，如镀锌、耐磨性电镀（如镀硬铬）、功能性电镀、可焊性电镀（如镀锡）、导电性电镀（如镀银、镀金）等。

工艺程序（图5-27）：

（6）氧化

通过电解氧化反应使铝合金表面形成一层氧化膜，并用染料对氧化膜进行染色或利用氧化膜自身发色，使铝合金表面形成彩色，再涂以透明涂料，经磨光处理，铝合金表面不仅色彩鲜艳、光亮，而且还具有很好的耐磨、耐腐蚀性能。

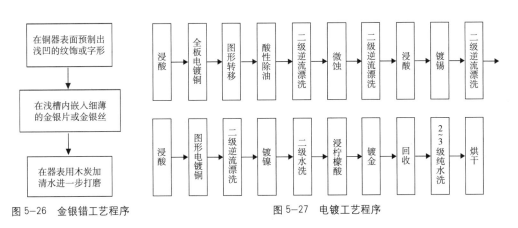

图5-26 金银错工艺程序　　　　图5-27 电镀工艺程序

作业六　家具工厂参观与调研

作业标题：

某家具工厂参观与调研。

作业形式：

PPT汇报。

作业内容：

1.选取某一项装饰工艺进行详细描述，包括工艺的流程、要点、相关照片等；

2.对本次参观的感受进行简短总结。

作业要求：

1.小组协作，共同完成；

2.汇报详尽，描述全面。

评分标准：

序号	分项	总分	分项标准	分项分值
	家具工厂参观与调研评分标准			
1	汇报	40	项目陈述流畅	20
2			问题解答清晰	10
3			与小组成员协同合作默契	10
4	内容	60	PPT编排精良	15
5			工艺流程完整，要点明确	30
6			照片与文字齐全，能够说明问题	15
总计			100	

小结评语：

通过本节学习，结合作业训练，使学生熟悉家具装饰工艺的种类、各自特点，熟悉家具装饰工艺做法与流程。培养学生能合理选用家具装饰工艺的能力，为家具设计奠定基础。

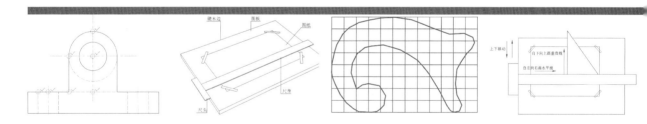

城市家具与陈设

6

模块六　家具设计制图

教学目的：

1. 了解家具设计制图标准。

2. 熟悉家具图的种类及画法。

3. 掌握家具制图方法。

所需课时：

8 ~ 12

自学学时：

8 ~ 12

推荐读物：

1. 中华人民共和国工业和信息化部 . 家具制图 QB/T 1338—2012[S]. 北京：中国轻工业出版社，2012.

2. 李克忠 . 家具与室内设计制图 [M]. 北京：中国轻工业出版社，2013.

3. 朱毅，杨永良 . 室内与家具设计制图 [M]. 北京：科学出版社，2011.

4. 叶翠仙 . 家具与室内设计制图与识图 [M]. 北京：化学工业出版社，2014.

5. 潘速圆 . 家具制图与木工识图 [M]. 北京：高等教育出版社，2010.

重点知识：

1. 家具图的种类与画法。

2. 家具制图的标准与绘制方法。

难点知识：

1. 如何按标准绘制家具图纸。

2. 如何掌握将制作工艺与制图两者相联系的学习方法。

6.1 家具设计图识图概述

家具设计构思到生产制作到验收，每个环节都依赖于设计图。设计图包含了尺寸、色彩、材质、工艺等综合信息，因此，可以说设计图是家具设计的核心项。对于从业者而言，家具设计图的识图是必备的基础能力。

6.1.1 家具设计图识图主要内容

（1）家具识图的目的

设计图就是将有关技术的各个细节都呈现在图纸上，因此，识图就是参与家具设计的钥匙。只有读懂图才能有效地勾画，只有学会识图才可能绘图，从而才能从事设计工作。因此，识图的目的就是为从事设计打下基础。

（2）家具图的种类

家具设计与制造两大环节分别对应两类图纸，即设计图与制造图。详见表6—1。

家具图纸类型与作用 表6—1

类型	图品	图形形式	功能	备注
设计图	外形图	透视图	供设计方案研讨用，并作结构装配图的附图	表达家具外观形状
	效果图	透视图	展示家具使用时的情境效果	表达家具在环境中的效果，包括家具在环境中的布置、配景、色彩及光影效果
制造图	结构装配图	正投影图	施工用途的形式之一	全面表达整体家具的结构，包括每个零件的形状、尺寸及他们的相互装配关系、制作的技术要求
	部件装配图	正投影图	与部件图联用构成施工用图形式之二	表达家具各个部件之间的装配关系、技术要求
	部件图	正投影图	与部件装配图联用	表达一个部件的结构，包括各零件的形状、尺寸、装配关系，以及部件的技术要求
	零件图	正投影图	仅用于形状复杂的零件与金属配件	表达一个零件的形状、尺寸、技术要求
	大样图	正投影图	仅用于有复杂曲线的制作，供加工时可直接量比	以1:1比例绘制的零件图、部件图或结构装配图
	安装示意	投影图	指导用户自行装配时用的直观图	表达家具处于待装配位置下的家具总体及所使用的简单工具

（3）识图的学习方法

学习方案各有所长，归纳出主要方法以供参考借鉴：

1）记牢规范；

2）联想空间；

3）细研厚理；

4）正逆互推；

5）创造性学习，总结规律。

6.1.2 认识家具制图标准

（1）图纸幅面

图幅即图纸本身的大小规格，有 A0、A1、A2、A3、A4 五种基本幅面，各幅面之间关系如图 6-1 所示。

（2）图框

图框是指图纸中提供绘图区域的边线范围，在图纸上必须用粗实线画出，图幅与图框的尺寸关系见表 6-2。

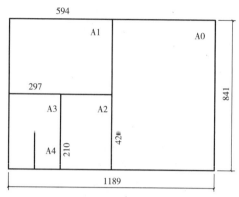

图 6-1　图幅关系

基本幅面类别和图框尺寸（单位：mm）　　　　　　表6-2

幅面代号	幅面尺寸	图框与幅面线间距尺寸		
	$B \times L$（长×宽）	a（装订边）	c（图框线）	e（无装订边）
A0	841×1189	25	10	20
A1	594×841	25	10	20
A2	420×594	25	10	20
A3	297×420	25	5	10
A4	210×297	25	5	10

图框有横式与立式两种，一般图纸宜采用横式。其格式分为有装订边与无装订边两种，分别如图 6-2（a）～（d）所示。

（3）标题栏

标题栏一般位于图纸中右下角，用于说明设计单位、图名、图纸编号、比例、设计者等内容。制图标准对标题栏的尺寸、内容等没有统一规定，如图 6-3 是学生作业用标题栏参考，标题栏外框用粗实线，内部分隔用细实线。

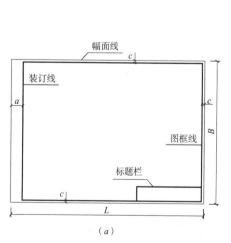

（a）

（b）

图 6-2　有装订边与无装订边图框格式

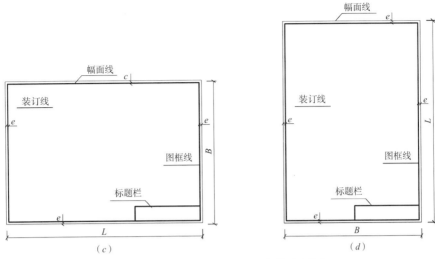

图 6-2 有装订边与无装订边图框格式（续）

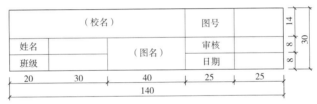

图 6-3 学生制图作业标题栏格式参考

(4) 图线

任何家具图样都是由图线绘制而成的，不同的线型与宽度都有特定的含义。绘图时应参照制图标准规定，选用不同图线来表达相应图样内容。详见表 6-3。

制图图线及其运用   表6-3

序号	图线名称		线型	一般应用
1	实线	粗		a.剖切符号 b.局部详图可见轮廓线 c.局部详图标志 d.局部详图连接件简化画法 e.图框线及标题栏外框线
		中		可见轮廓线
		细		可见轮廓线，图例线等
2	虚线	粗		见有关专业制图标准
		中		不可见轮廓线
		细		不可见轮廓线，图例线等
3	单点划线	粗		见有关专业制图标准
		中		见有关专业制图标准
		细		中心线，对称线等

续表

序号	图线名称		线型	一般应用
4	双点画线	粗	——·· —— ·· ——	见有关专业制图标准
		中	——·· —— ·· ——	见有关专业制图标准
		细	—·· —— ·· ——	假想轮廓线，成型前原始轮廓线
5	双折线		〜	a.假想断开线 b.阶梯剖视的分界线
6	波浪线		〜〜〜	a.假想断开线 b.回转体断开线 c.局部剖视的分界线

1）线型

工程图样中常用的线型主要有实线、虚线、点划线、折断线、波浪线等类型。

虚线、折断线、点画线的画法如图6-4所示；

图线相交的原则为线段相交。如虚线与实线、虚线、点画线相交时均应相交于线段处，单点长画线同虚线。注意：当虚线是实线的延长线时，在相交处要离开，如图6-5所示。

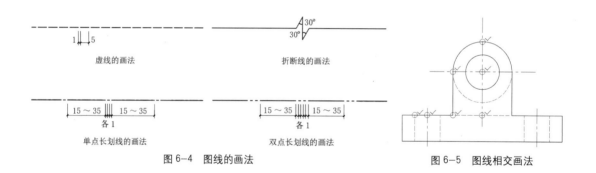

图6-4 图线的画法

图6-5 图线相交画法

2）线宽

线宽即线的粗度，分为粗线（b）、中粗线（$0.5b$）、细线（$0.25b$）三种类型。不同粗、中、细线形成一组，称为线宽组，工程图样中常用线宽组详见表6-4。

工程图常用线宽组　　表6-4

线宽比	线宽组（mm）					
b	2.0	1.4	1.0	0.7	0.5	0.35
$0.5b$	1.0	0.7	0.5	0.35	0.25	0.18
$0.25b$	0.5	0.35	0.25	0.18		

图纸中图框线、标题栏线可选用线宽详见表6-5。

幅面代号	图框线	标题栏外框线	标题栏分隔线、会签栏线
A0、A1	1.4	0.7	0.35
A2、A3、A4	1.0	0.7	0.35

（5）字体

为了工程图样的整齐美观、清晰规范，图纸中的字体需统一按照制图标准书写。

1）汉字

工程图样中的汉字需统一使用长仿宋体，书写时应按字号（指字的高度）画好格子，手写汉字高度不得小于3.5mm。通常字宽为字高比例为2：3，详见表6-6，字距为字高的1/4～1/5，行距为字高的1/3。

长仿宋体自高与字宽关系　　　　　　　　　　　　表6-6

字高	20	14	10	7	5	3.5
字宽	14	10	7	5	3.5	2.5

长仿宋体的书写要领为:横平竖直、起落露锋、刚劲有力、结构匀称，如图6-6、图6-7所示。

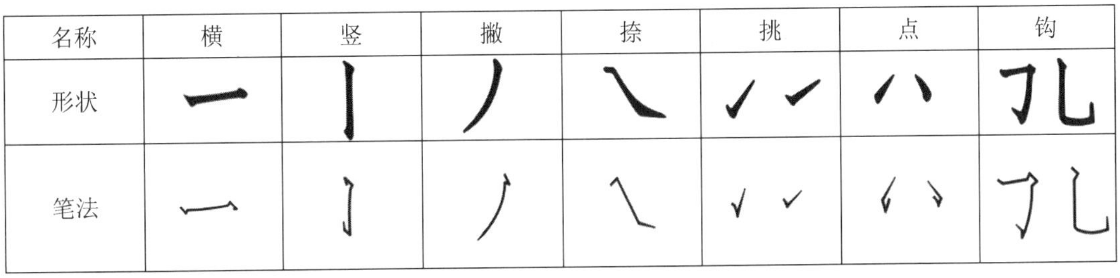

名称	横	竖	撇	捺	挑	点	钩
形状	一	丨	丿	㇏	✓✓	丷	㇆乚
笔法	一	丨	丿	㇏	✓✓	丷	㇆乚

图6-6　长仿宋体的基本笔画

家具设计制图正投影平立剖详图材料长仿宋体的书写要领
为横平竖直起落露锋刚劲有力结构匀称三视结构设计抄绘

7号字

城市家具与陈设长仿宋体的基本笔画写法

10号字
图6-7　长仿宋体字书写范例

2）数字与字母

工程图样中的数字与字母写法分为直写体与斜写体两种，如图6-8所示，斜体字与水平基准线呈75°。手写数字或字母高度不小于2.5mm，与汉字同行书写时，其字号应小一号。

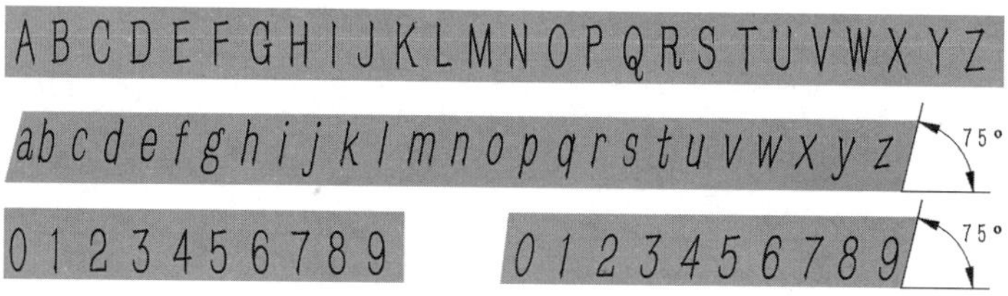

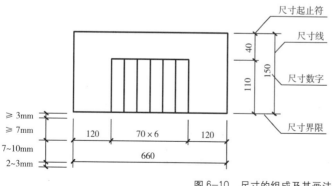

图 6-8　数字与字母书写范例

（6）比例

比例＝图形大小：实物大小。绘制家具工程图时选用比例见表 6-7，绘图时应优先考虑常用比例。

绘图比例

表6-7

种类	常用比例	可用比例
原值比例	1：1	
放大比例	5：1　　2：1 5×10^n：1　2×10^n：1　1×10^n：1	4：1　　2.5：1 4×10^n：1　　2.5×10^n：1
缩小比例	1：2　　1：5　　1：10 1：2×10^n　　1：5×10^n　　1：1×10^n	1：1.5　　1：3　　1：4　　1：6 1：1.5×10^n　　1：2.5×10^n　　1：3×10^n 1：4×10^n　　1：6×10^n

比例一般注写在图名右侧，字高比图名小一号或两号，书写时注意与图名文字齐平，如图 6-9 所示。

门立面图 1:50　　　　③ 1:1

图 6-9　比例的注写

（7）尺寸标注

工程图中除了用图形表达物体形状外，还需用尺寸表达物体的大小，如图 6-10 所示。

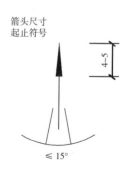

图 6-10　尺寸的组成及其画法

1）尺寸标注的组成

一个完整的尺寸标注包括尺寸线、尺寸界线、尺寸起止符号和尺寸数字四个部分，详见表6-8。

尺寸标注的组成及其绘制要点　　　　　　　　　　　　表6-8

序号	尺寸标注组成	绘制要点
1	尺寸线	①与被注图样轮廓线平行； ②距图形至少10mm； ③两尺寸线之间距离为7～10mm； ④细实线绘制
2	尺寸界限	①与被注图样轮廓线及尺寸线垂直； ②一端离图样轮廓线不小于3mm，另一端宜超出尺寸线2～3mm； ③细实线绘制
3	尺寸起止符号	①一般用倾斜45°斜短线绘制，长度为2～3mm； ②半径、直径、角度、弧长的尺寸起止符号宜用箭头表示； ③中粗线绘制
4	尺寸数字	①一般以毫米为单位，标高尺寸为米； ②尺寸数字应写在尺寸线的中间，水平方向的应写在尺寸线上方，数字朝上；垂直方向的应写在尺寸线左方，字头朝左； ③小尺寸在内，大尺寸在外

2）半径、直径、角度等常用尺寸标注方法详见表6-9。

常用尺寸标注方法　　　　　　　　　　　　表6-9

标注内容	图示	绘制要点
半径	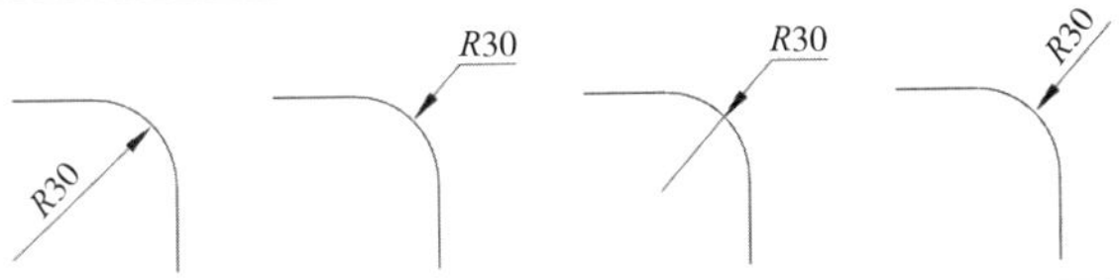	半径的尺寸线从圆心画箭头指向圆弧，半径数字前加符号"R"
直径	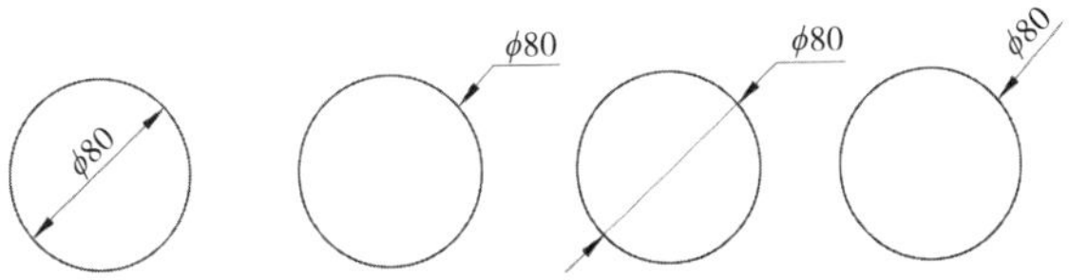	直径的尺寸线通过圆心，两端画箭头指向圆弧，直径数字前加符号"Φ"
球体	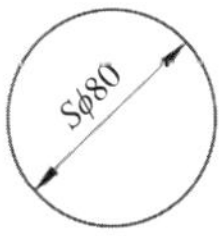	标注球体的半径或直径时，应在尺寸前加注符号"SR"或"SΦ"
角度	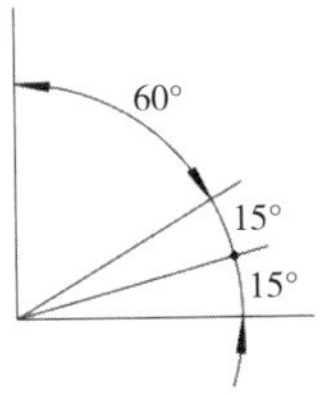	角度的尺寸线用圆弧表示，该圆弧的圆心是角的顶点，尺寸界限是角的两条边。起止符号用箭头表示，如没有足够位置可用圆点，角度数字按水平方向注写

标注内容	图示	绘制要点
弧长	280	弧长的尺寸线采用与圆弧同心的圆弧线表示，尺寸界限垂直于该圆弧的弦，起止符号用箭头表示，弧长数字上方加注圆弧符号"⌒"
弦长	250	弦长标注的尺寸线用平行于该弦的直线表示，尺寸界限垂直于该弦，起止符号用45°中粗斜短线表示
复杂图形	100×8=800 / 100×12=1200	不便用圆弧表示的曲线形体，用网格形式标注尺寸

6.1.3 家具基础制图知识

（1）常用制图工具与仪器

1）图板：图板是作图时的垫板，应保证平整光滑，四周工作边平直，如图6-11所示。

2）丁字尺：丁字尺由尺头、尺身组成，尺身上有刻度的一边称为工作边，需平直。丁字尺主要与图板、三角板配合画线，如图6-12所示。

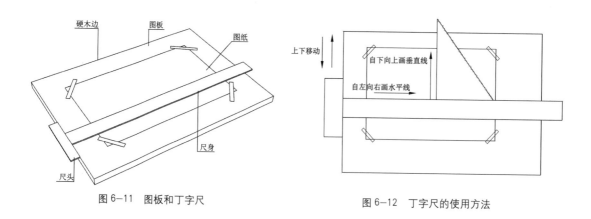

图6-11 图板和丁字尺　　　　　图6-12 丁字尺的使用方法

3）三角板：一副三角板由两块组成，一块锐角都为45°，另一块锐角分别为30°、60°。三角板与丁字尺配合，可以画出15°角倍数的斜线（图）；两块三角板配合，可以画出任意角度的平行线或垂直线，如图6-13所示。

4）圆规：圆规是用来画圆和圆弧的工具。画圆时，圆规针脚应比铅芯稍长，铅芯应削尖；画较大圆时应使圆规两脚垂直纸面；画小圆时可借助模板，简化作图。

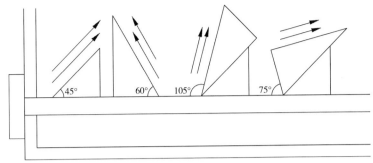

图 6-13 三角板与丁字尺的使用方法

5) 分规：分规的形状与圆规相似，一般用来截量长度尺寸与等分线段。

6) 铅笔：铅笔标号通常有 H、B、HB 三种。H 表示铅笔硬度，有 H ~ 6H 的型号，数字越大代表笔芯越硬；B 表示铅笔软度，有 B ~ 6B 的型号，数字越大代表笔芯越软。

7) 绘图墨水笔：又名针管笔。笔尖的管径有 0.05mm 到 1.2mm 等多种规格，绘图时应根据图线粗细选用。

8) 比例尺：比例尺是画图时直接按比例量尺寸的工具。最常用的为三棱比例尺，尺上有六种不同比例的刻度，单位为 m。

9) 家具模板：通常有 1：50、1：100 两种比例，可简化作图过程。

10) 曲线板：曲线板是画非圆曲线的工具，其样式很多，曲率大小各不相同。

此外，绘图时还应准备下列制图用品：绘图纸、胶带、橡皮、小刀等。

(2) 家具手工制图方法

1) 制图准备工作

充分了解所画图样的内容和要求；准备必要的制图工具、仪器和用品；利用丁字尺在图板上辅助固定图纸。

2) 画底稿线（宜用 3H、4H 铅笔，底稿线注意要轻、细、浅）

画图幅、图框和标题栏（画线步骤：图幅→图框→标题栏）；

画图样：定位（确定比例，布置图形，使其匀称）→先画轴线或中心线，其次画主要轮廓线，最后画次要轮廓线；

画尺寸标注：先画尺寸线、尺寸界限、尺寸起止符→然后写尺寸数字底稿（注意写尺寸数字前需画好格子线）；

画出字体格子线，写汉字底稿；

检查校核。

3) 加深图样

加深顺序：先图样→再文字、尺寸标注→最后图框；

先画粗线后画细线，粗线宽度为细线作为参考；

先加深水平线（从左至右），再加深垂直线（从下至上）；

检查校核，裁图。

(3) 几何作图

在绘制家具图样时，利用绘图工具和仪器、运用几何原理进行作图，以提高绘图的速度和准确性。下面介绍几种常用的几何作图方法。

1）线段的等分

分直线段为任意等分——以五等分为例，作图步骤如图6-14所示。

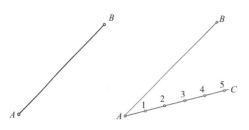

（a）已知直线段AB　（b）过点A作任意直接AC，用直　（c）连B5，然后过其他点分别
　　　　　　　　　尺在AC上从点A起截取任意长度　　作直线平行于B5，交AB于四
　　　　　　　　　的五等分，得1、2、3、4、5点　　个等分点，即为所求

图6-14　等分已知线段

分两平行线之间的距离为任意等分——以六等分为例，作图步骤如图6-15所示。

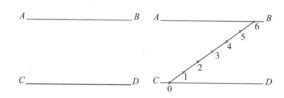

（a）已知平行线AB和CD　（b）置尺0点于CD上，摆动尺身，　（c）过各等分点作AB（或CD）
　　　　　　　　　　　使刻度6落在AB上，截得1、2、3、　的平行线，即为所求
　　　　　　　　　　　4、5、6各等分点

图6-15　等分已知线段

2）圆周的等分

已知圆的半径R，作圆内接正五边形，作图步骤如图6-16所示。

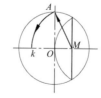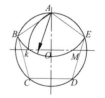

（a）已知半径为R的圆及　（b）以M为圆心，MA为半径　（c）以AK为边长，自A点起，
圆上的点P、N，作ON　作弧交OP于K，AK即为圆内　五等分圆周得B、C、D、E点，
的中点M　　　　　　接正五边形的边长　　　依次连接各点，即得圆内接正
　　　　　　　　　　　　　　　　　　　五边形ABCDE

图6-16　正五边形的画法

用圆规六等分圆周并作圆内接正六边形，作图步骤如图6-17所示。

3）圆弧连接

用圆弧连接两已知直线，作图步骤如图6-18所示。

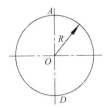

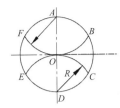

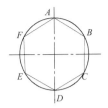

（a）已知半径为 R 的圆
及圆上两点 A、D

（b）分别以 A、D 为圆心，
R 为半径作弧得 B、C、E、
F 各点

（c）依次连接圆内各点即得
圆内正六边形 ABCDEF

图 6-17　正六边形的画法

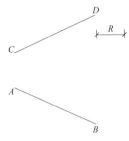

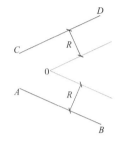

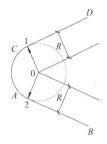

（a）已知半径 R 及直线 AB、CD

（b）分别作距离 AB、CD 为
R 的平行线，这两条线交于
点 0

（c）过圆心 0 分别向 AB、CD 作垂线，
垂足 1、2 即是切点，以点 0 为圆心、R
为半径，连接 1、2 两点即为所求圆弧

图 6-18　圆弧连接两直线的画法

用圆弧连接两已知圆

圆弧外切连接的画法，如图 6-19 所示。作图原理：两圆心的距离等于两圆半径之和，即
$R+R_1$、$R+R_2$。

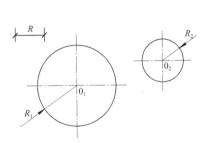

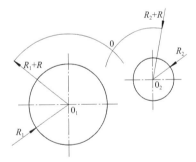

（a）已知圆 0_1、0_2，与连接两圆圆弧半径为 R

（b）分别以 0_1、0_2 为圆心，R_1+R、R_2+R 为半径
画圆弧，得交点 0

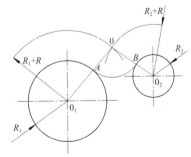

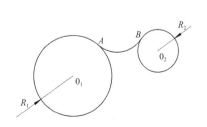

（c）连接 00_1、00_2 得切点 A、B，以 0 为圆心，
R 为半径作圆弧 AB

（d）整体图线，加深圆弧 AB

图 6-19　圆弧与两已知圆外切连接的画法

圆弧与圆弧内切连接的画法。作图原理:两圆心的距离等于两圆半径之差，即 $R-R_1$、$R-R_2$

当圆弧为内连接时，只需将圆弧外切步骤中 $R+R_1$、$R+R_2$ 改为 $R-R_1$、$R-R_2$ 即可，由此求出两圆内切圆弧，如图 6-20 所示。

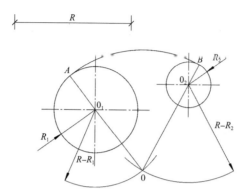

图 6-20　圆弧与两已知圆内切连接的画法

6.1.4　家具图样图形表达方法

一件家具从设计初期，到生产安装都需要图形图样作为沟通交流、施工制造的技术文件。为了全面、准确地表达产品形态、制作手段，往往需要多种图形图样配合表达，如为了说明家具形状、表面色彩材质等一般需要绘制相应的视图；若为了说明家具内部结构、做法细节时一般需要绘制剖视图、断面图或详图；为了更加直观表达家具的外观立体效果一般需要绘制轴测图或立体效果图。可以说，图形图样的表达贯穿了家具从创意、到生产、到营销的各个阶段，本部分将按照制图标准介绍图形图样的表达方法及其在实际中的运用。

（1）视图

1）投影法的概念

物体在光的照射下，会在地面、墙面等界面上产生一个影子，这个影子虽不能准确反映物体的真实大小，但能产生一个与物体相似的轮廓。人们根据这个自然现象，总结出了将空间物体表达为平面图形的方法，即投影法，作为绘制图样的方法与理论依据。

如图 6-21 所示，投影法中，我们将光源称为投影中心（用 S 表示），由光源发出的光线称为投影线（如 SA），承受影子的平面称为投影面，被光源照射的物体称为形体，形体在投影面的影子称为形体的投影。

2）投影法的分类

根据投影线相互间的关系（交汇或平行），我们可以将投影法分为中心投影法和平行投影法两大类。

中心投影法：当投影中心 S 与投影面之间距离有限时，投影线都交汇于 S 点发出，此时产生的投影的方法称为中心投影法。如图 6-21 所示，投影法所产生的投影并不反映物体的真实大小，度量性较差。

平行投影法：当投影中心 S 与投影面之间距离无穷远时，可将所有投影线视为相互平行，此时产生投影的方法称为平行投影法。平行投影法中投影线相互平行，所得图形能够反映形体的真实形状与大小。平行投影法中根据投影线与投影面的相互关系，可分为两类:

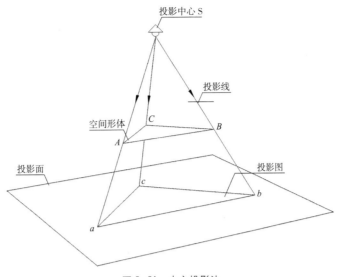

图 6-21　中心投影法

正投影——投影线与投影面垂直相交，如图 6-22（*a*）所示；
斜投影——投影线与投影面倾斜相交，如图 6-22（*b*）所示。

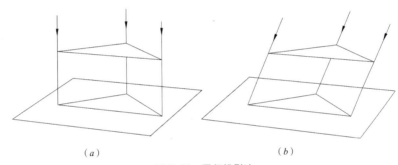

（*a*）　　　　　　　　　　　　　（*b*）

图 6-22　平行投影法
（*a*）正投影；（*b*）斜投影

绘制家具图中常用的投影与运用详见表 6-10。

家具制图中常用投影法及其运用 表6-10

	中心投影法		绘制透视图理论基础
投影法分类	平行投影法	正投影法	绘制视图、剖视图、大样图等理论基础
		斜投影法	绘制斜轴测图理论基础

3）正投影法的基本视图

为了全面、清晰地表达物体每一个面的形态，我们需要将物体置于一个由六个投影面围合而成的长方体空腔中，如图 6-23 所示，分别向六个投影面进行正投影。

为了便于绘制与阅读，一般我们将这六个面的投影图展开放到一个平面内，得到主视图、后视图、俯视图、仰视图、左视图、右视图，

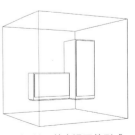

图 6-23　基本视图的形成

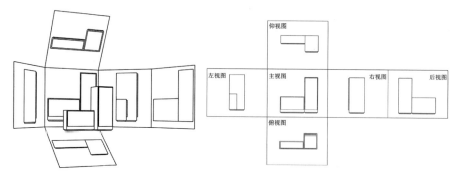

图 6-24 基本视图的展开

如图 6-24 所示，其基本投影规律为：

主视图、俯视图、仰视图、后视图——长对正；

主视图、左视图、右视图、后视图——高齐平；

左视图、右视图、俯视图、仰视图——宽相等。

（2）剖视图与剖面图

为了清楚、直观地表达家具形体的内部结构，仅仅依靠视图的绘制是远远不够的，还需要借助剖视图与剖面图的绘制表达。

1）剖视图：如图 6-25 所示，假想用剖切面在家具形体适当部位将其剖开，移去剖切面与观察者之间的部分形体，将剩余部分投射到投影面上，这样得到的投影图称为剖视图。

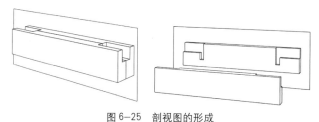

图 6-25 剖视图的形成

剖视图的画法

假想剖切平面：剖切平面是一种假想的平面，并不是真的将形体一分为二，因此当一个视图画成剖视时，其余视图仍应该按照完整视图画出。

剖切平面的选择：为了清晰表达家具内部形状、结构，剖切平面一般尽量通过形体的对称面或主要轴线，以及形体上的孔、槽等不可见部分的轴线或中心线。

剖视图的标注——剖切符号：剖切符号由剖切位置线、投射方向线、剖切符号编号三部分组成（图 6-26），具体绘制方法见表 6-11。

剖切符号的绘制方法 表6-11

剖切符号组成	定义	绘制要点
剖切位置线	剖切平面的积聚投影	宜用6～10mm长的粗实线表示
投射方向线	表明剖视图的投射方向	宜为4～6mm长的粗实线表示

剖切符号组成	定义	绘制要点
剖切符号编号	用于剖视图的命名	①家具制图的剖切符号编号宜采用大写拉丁字母，按顺序由左至右、由下至上连续编排，并注写在剖视方向线的端部。 ②剖视图下方图名应与剖切符号保持一致，如剖切符号编号为"A"，其对应剖视图图名为"A-A"剖视图

剖视图的线型：家具形体被剖切后的断面轮廓线用粗实线画出；物体未被剖到的可见轮廓线用中粗线画出；看不见的虚线，一般省略不画。（注意：在表达清楚的情况下，剖视图中尽量不使用虚线。）

断面填充材料图例符号：剖视图中，家具被剖切后得到的断面轮廓线中需画出相应的材料类别。各种材料的符号画法详见表6-12，注意用细实线画出。

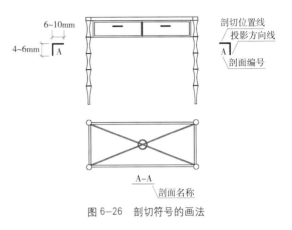

图6-26 剖切符号的画法

<table>
<tr><td colspan="3" align="center">常用材料剖面符号</td><td align="right">表6-12</td></tr>
</table>

材料			剖面符号
木材	横剖	方材	
		板材	
	纵剖		
胶合板			
刨花板			
细木工板	横向		
	纵向		

材料	剖面符号
纤维板	
薄木（木皮）	
金属	
塑料 有机玻璃 橡胶	
软质填充物	
砖石料	

剖视图的种类

全剖视图：用一个剖切面将物体完全剖开后所得的剖视图称为全剖视图，如图 6-27 所示。

半剖视图：对于对称的形体，作剖面图时以对称线为分界线，一半画视图表达外部形状，一半画剖视图表达内部结构，这种剖视图称为半剖视图，如图 6-28 所示。注意：画半剖视图时，半个剖视图与半个视图之间要用细单点长画线画出对称符号。

图 6-27　全剖视图的画法　　　　　图 6-28　半剖视图的画法

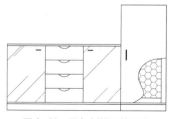

图 6-29　局部剖视图的画法

局部剖视图：用剖切平面局部地剖开形体，所画出的剖视图称为局部剖视图，如图 6-29 所示。注意：局部剖视图中剖开与未剖开处以徒手画的波浪线为界，由于剖切位置不明显，可不画剖视符号。

阶梯剖视图：当形体内部结构较复杂，孔、槽等轴线分布在不同层次界面上时，为了全面表现形体内部形态，可用几个相互平行的剖切平面对其进行剖切，然后将各剖切平面所截到的形状同时画在一个剖视图中，所得到的剖视图称为阶梯剖视图，如图 6-30 所示。注意：画阶梯剖视图时，在剖切面的起、止、转折处都要画出剖切符号并统一编号。

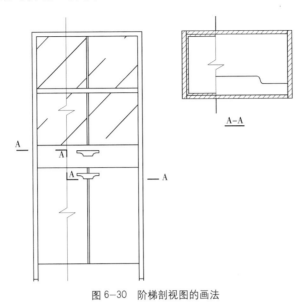

图 6-30　阶梯剖视图的画法

旋转剖视图：用两个相交的剖切平面（交线垂直于某一基本投影面）剖开形体，将得到的剖视图同时画与一个平面中，所得到的剖视图称为旋转剖视图，如图 6-31 所示。

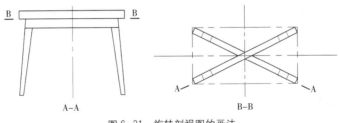

图 6-31　旋转剖视图的画法

2）剖面

用一个假想剖切平面剖开家具，将与剖切面相接触的断面图形向与其平行的投影面投射，所得到的图形称为剖面。

剖面与剖视图的区别

表达内容不同：

剖面——只画出被剖切到的断面实形，是一个面的投影；

剖视图——将被剖切到的断面连同断面后面剩余形体一起画出，是一个体的投影。实际上，剖视图中包含着断面图。

剖面的剖切面不能转折，而剖视图的剖切面可以发生转折。

剖面的种类

移出剖面：画在视图之外的剖面称为移出剖面，如图 6-32 所示。移出剖面往往采用比原视图大的比例绘制。

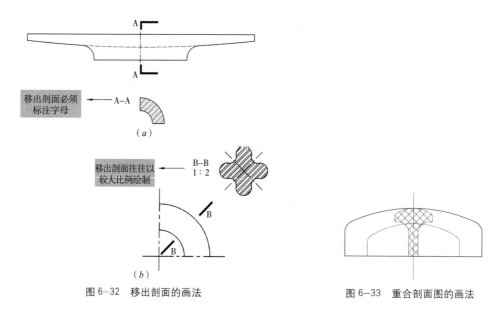

图6-32　移出剖面的画法　　　　　图6-33　重合剖面图的画法

重合剖面：直接画在视图之内的剖面称为重合剖面。重合剖面应按照与原图样相同的比例绘制，旋转90°后画在剖切处与视图重合。当剖面不多且图形并不复杂时，可以采用重合剖面，如图6-33所示。

（3）局部详图

对于家具形体中较为复杂，在视图、剖视图、剖面图等图纸中表达不清的部分结构或零部件式样，往往采用比基本视图大的比例画出，即局部详图，如图6-34所示。局部详图可画成视图、剖视、剖面等形式。

图6-34　局部详图的画法

局部详图的标注方法：

在视图被放大部位的附近，应画出直径8mm的实线圆圈作为局部详图索引标志，并在圈中写上阿拉伯数字，如图6-35所示。

在相应局部详图附近，应画上直径12mm的粗实线圆圈，圈中写上同样的阿拉伯数字作为局部详图标志。同时。在粗实线圈右侧中部画一水平细实线，并在线上注写详图比例，如图6-35所示。

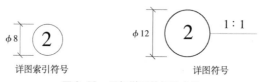

图6-35　局部详图的标注方法

（4）轴测图

多面视图虽然能够完整、准确地表达家具形体的外观形态与大小，但是缺乏立体感，需具备一定的读图能力才能看懂。因此在表现家具图形图样时，往往需要绘制轴测图辅助表达家具式样。

1）轴测图的形成

将物体连同其参考直角坐标系一起，沿不平行任一坐标面的方向，用平行投影法将物体平行投影在单一投影面上所得到的图形，就是轴测图，如图6-36所示。

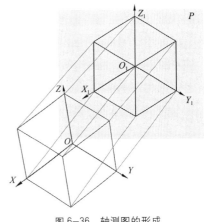

图6-36　轴测图的形成

2）轴测图的基本术语

轴测轴：确定空间物体的坐标轴 OX、OY、OZ 在 P 面上的投影 O_1X_1、O_1Y_1、O_1Z_1 称为轴测投影轴，简称轴测轴；

轴间角：轴测轴之间的夹角 $\angle X_1O_1Y_1$、$\angle X_1O_1Z_1$、$\angle Y_1O_1Z_1$ 称为轴间角，三角之和为 $360°$；

轴向伸缩系数：把轴测轴上的线段与空间坐标轴上对应线段的长度比，称为轴向伸缩系数。

X 轴向伸缩系数 $p_1=O_1A_1/OA$；

Y 轴向伸缩系数 $q_1=O_1B_1/OB$；

Z 轴向伸缩系数 $r_1=O_1C_1/OC$。

3）轴测图的分类

根据轴测投射方向和轴测投影面的不同关系，轴测投影可分为以下两种基本形式：

正轴测投影：投射方向垂直于轴测投影面。

斜轴测投影：投射方向倾斜于轴测投影面。

又根据轴向伸缩系数的不同，正轴测图与斜轴测图有以下类型，见表6-13。

| | | 轴测图的类型 | 表6-13 |

		轴测图的分类
轴测图	正轴测图	正等轴测图（简称正等测）：$p_1=q_1=r_1$
		正二轴测图（简称正二测）：$p_1=r_1\neq q_1$，$p_1=q_1\neq r_1$，$p_1\neq q_1=r_1$
		正三轴测图（简称正三测）：$p_1\neq q_1\neq r_1$
	斜轴测图	斜等轴测图（简称斜等测）：$p_1=q_1=r_1$
		斜二轴测图（简称斜二测）：$p_1=r_1\neq q_1$，$p_1=q_1\neq r_1$，$p_1\neq q_1=r_1$
		斜三轴测图（简称斜三测）：$p_1\neq q_1\neq r_1$

4）轴测图的常用画法

在家具设计中，常用的轴测图画法为正等测与斜二测，见表6-14。

表6-14

轴测类型		正轴测投影	斜轴测投影
简　称		正等测	斜二测
举例	伸缩系数	$p_1=r_1=q_1=0.82$	$p_1=r_1=1$、$q_1=0.82$
	简化系数	$p=r=q=1$	$p_1=r_1=1$、$q_1=0.5$
	轴间角	$\angle X_1O_1Y_1=\angle X_1O_1Z_1$ $=\angle Y_1O_1Z_1=120°$	$\angle X_1O_1Z_1=90°$, 常用 $\angle X_1O_1Y_1=\angle Y_1O_1Z_1=135°$
	例图	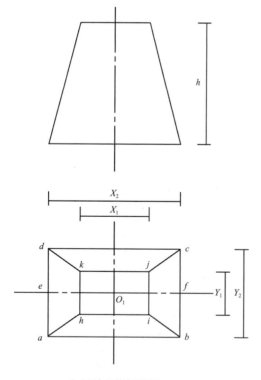	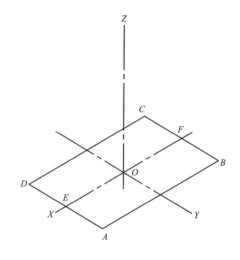

正等测图的画法

【例】如图 6-37 所示，已知四棱台的两视图，作其正等轴测图。

（a）已知四棱台两视图

（b）选定坐标原点，建立正等测坐标系，令四棱台底面四边形中心 O_1 与从标原点 O 重合，按坐标依次画出形体底面各点的轴测投影（$OE=O_1e$、$OF=O_1f$、$AB=CD=ab=cd$、$AD=BC=ad=bc$）

图 6-37　作四棱台的正等轴测图

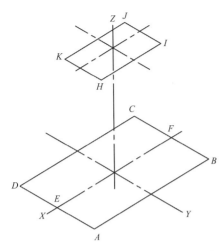

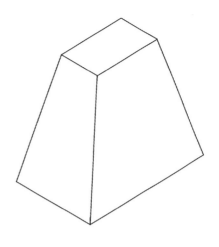

（c）根据四棱台各顶点在坐标系中的坐标，求出形体顶面轴测投影 H、I、J、K

（d）连接各顶点，擦掉多余线条，加深轮廓，完成四棱台轴测图

图 6-37　作四棱台的正等轴测图（续）

正面斜二测图的画法

【例】如图 6-38 所示，已知形体的两视图，作其正面斜二测图。

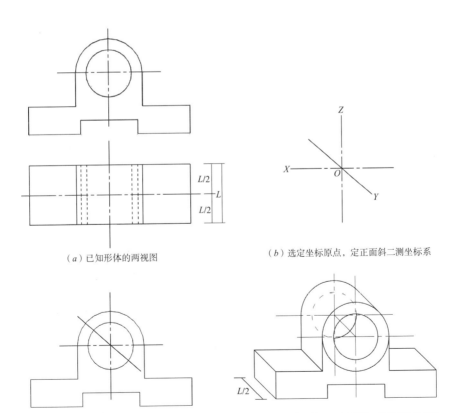

（a）已知形体的两视图

（b）选定坐标原点，定正面斜二测坐标系

（c）画出形体立面实形可见部分的轮廓线（与形体立面等大）

（d）以形体总宽 L 的 1/2 画出侧棱、后端形体的圆心，画出形体可见部分的轮廓线，整理图线，加深

图 6-38　作形体的斜二测图

(5) 家具透视图画法

透视图是在二维图纸上真实描绘形体三维空间的图样，相比于前述的家具图形图样表达方式，透视图具有直观、逼真的特点，用于展现设计师的思维与创意，作为与甲方沟通、交流的主要图样方式。

1) 透视投影的形成

透视投影相当于以人的眼睛为投影中心的中心投影。当人们站在玻璃窗前，用一只眼睛观看室外的建筑物时，无数条视线与玻璃窗相交，把各交点连接起来的所得图形即为透视图。

2) 透视的基本术语（图6-39）

基面 G——放置物体的水平面，相当于投影体系中的水平投影面。

画面 P——透视图形所在的平面，相当于上述观察者与被观察的建筑形体之间所设立的假象透明玻璃窗平面。

基线 gg——基面 G 与画面 P 的交线。

视点 S——即投影中心，相当于观察者眼睛所在的位置。

站点 s——观察者站立的位置，站点实质上是视点 S 在基面上 G 上的正投影 s。

心点 $s°$——也称主点，是视点 S 在画面 P 上的正投影。

视平线 hh——过视点 S 所作的平面，与画面 P 的交线，心点 $s°$ 必然在视平线 hh 上。

视高 H——视平线 hh 与基线 gg 之间的距离反映视高。

视距 D——视点 S 到画面 P 的距离，即视点 S 与心点 $s°$ 连线的长度。

视线——由视点 S 至空间点之间的连线。

灭点——透视线的消失点。

3) 透视图的分类

家具图样表达常用的透视图种类主要是一点透视图与两点透视图。

一点透视：也称平行透视，是指物体的一个面（一般为宽度与高度两组平行线组成的面）平行于画面（或与画面重合）的透视，平行透视只有一个消失点，如图6-40所示。

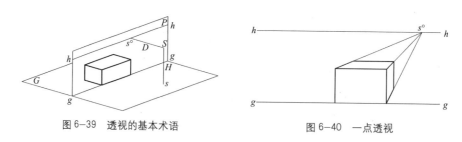

图6-39　透视的基本术语　　　　　　　图6-40　一点透视

两点透视：也称成角透视，是指物体有一组平行线（一般为高度平行线）平行于画面，而另外两组（宽度与深度）平行线分别与画面呈一定角度摆放所形成的透视。成角透视同时出现两个消失点，称为距点或余点，如图6-41所示。

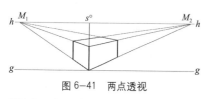

图6-41　两点透视

4) 家具透视图的实用画法

【例】已知书桌的两视图，绘制书桌一点透视图，作图步骤如图6-42所示。

设定 pp 线、gg 线、hh 线（通常距 gg 线 1500mm），

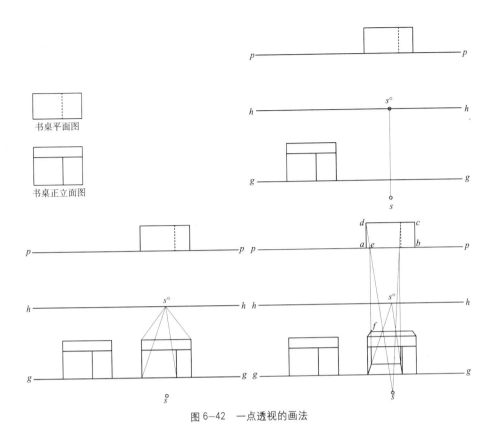

图 6-42　一点透视的画法

将书桌平面图、立面图分别紧贴 pp 线与 gg 线上方摆放；

设定站点 s，并在 hh 线上找到心点 s°（过 s 作 hh 线的垂线）；

画书桌正立面透视（由于书桌紧贴画面摆放，其正立面透视是书桌立面本身）；

把书桌立面透视主要点与 s° 相连，形成书桌进深方向透视线；

把书桌平面图中主要点与 s 连接，并与 pp 线相交，再由 pp 线上的交点向下画垂线，找到书桌各部分进深透视（如书桌面的进深画法如下：连接书桌平面顶点 d 与 s，形成与 pp 线交点 e，再由 e 向下作垂线与书桌面进深透视线相交 f 即书桌面进深，同理可找到书桌其他部分进深）；

加深书桌透视线条，完成透视图。

视线法画两点透视图

【例】已知地柜的两视图，绘制地柜两点透视图，作图步骤如图 6-43 所示。

设定 pp 线、gg 线、hh 线，将地柜平面图倾斜一角度紧靠 pp 线摆放，立面图放在 gg 线上方，设定站点 s；

画地柜地面透视：过地柜平面图 A 点向 gg 作垂线，得到 A 点透视 a；过 a 作地柜长 AD、宽 AB 平行线交 pp 线于 F_1、F_2 两点，此两点分别为地柜长、宽方向的灭点；将地柜平面图中主要点 D、B 与 s 相连，沿其与 pp 线交点 I、J 向下作垂线，得到与 aF_1、aF_2 的交点 d、b，ad、ab 即分别为地柜长、宽方向透视长度；连接 bF_1、dF_2 得到交点 c，$abcd$ 即为地柜地面透视图；

沿地柜立面图 K 点作水平线与 Aa 相交 k 点，ak 即真高线；连接 kF_1、kF_2，过点 d、h 作垂线与 kF_1、kF_2 相交于点 m、n，连接 mF_2、nF_1 得到交点 o，$knom$ 即为地柜顶面透视图，整理

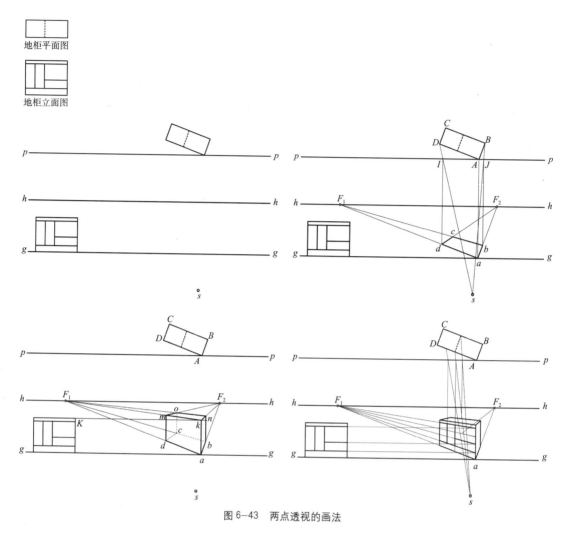

地柜平面图

地柜立面图

图6-43 两点透视的画法

凸显，做出地柜外观两点透视；

画地柜透视细节，加深图线，完成透视图。

6.2 家具图绘制

通过对家具制图标准、基础知识，以及图形图样表达方法的学习和了解，我们需要进一步学习掌握家具图绘制，从而将家具规范、标准完整地表达出来。本节着重从两方面展开讲解，第一是家具三视图的绘制，第二是家具结构图绘制，前者意在表达外观，后者着重解决内部构造，如此一内一外即可对家具图绘制有较为全面的认识。

6.2.1 家具三视图绘制

为准确地表达家具实体，我们通常用正投影图来体现。在前一节的学习中我们已经知道形体在一个"长方体空腔"投影体系中可以得到6个视图。然而在实际形体图纸表达中，我们只需利用三面投影体系即可如实地表现出家具的准确形体特征。

(1) 三面投影体系及其建立

三面投影体系是家具准确表达的基本体系，顾名思义是由三个相互垂直的面（V面、H面、W面）为基础构建起来的，如图 6-44 所示，将物体放入三面投影体系中，分别向三个投影面进行正投影，就能得到该物体在三个投影面上的投影图。在三面投影体系中，我们将 V 面称为正立投影面，H 面称为水平投影面，W 面称为侧立投影面；OX 轴为 V 面和 H 面的交线，OY 轴为 H 面和 W 面的交线，OZ 轴为 V 面和 W 面的交线；坐标原点 O 为 OX、OY、OZ 三轴的交点。

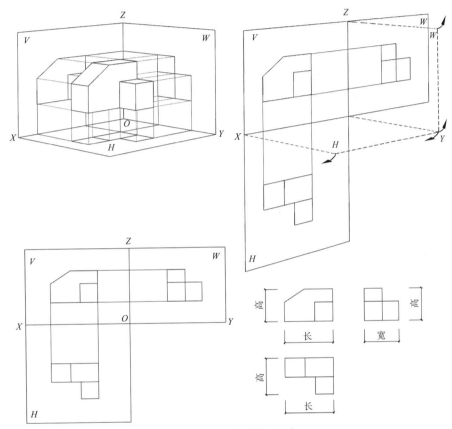

图 6-44　三面投影体系示意

(2) 三视图的形成及绘制

1) 三视图的展开

为了使物体的三面投影图位于同一平面上，需要将三面投影体系进行展开。一般假设 V 面保持不动，将 H 面绕 OX 轴向下旋转 90°，W 面绕 OZ 轴向右旋转 90° 展开形成的三个投影图称为三视图。我们 V 面的投影图称为主视图，H 面的投影图称为俯视图，W 面上的投影图称为左视图。

2) 三视图的尺寸关系

三视图分别反映了物体在三个方向上的平行投影形状，每个视图只能反映物体两个方向上的尺寸。主视图反映高度与长度；俯视图反映宽度与长度；左视图反映高度与宽度。故三视图之间互相关联，每一视图均有一个方向尺寸与另一视图相等，被称为"三等"规律，如图 6-44 所示。

3）三视图的方位关系

在读取三视图时，需要明确主视图、俯视图和左视图的方位关系，H 面投影反映形体的长度和宽度以及左右、前后关系；V 面投影反映形体的长度和高度以及左右、上下关系；W 面投影反映形体的宽度和高度以及上下、前后关系。我们通常以主视图为基准，靠近主视图一面代表物体后方，远离主视图的一面代表物体的前面。

4）三视图的绘制方法

绘制三视图首先需要分析物体形态特征，将最能反映物体外形特征的方向设定为主视图方向，这就为顺利绘制三视图打下良好基础，其次根据比例绘制主视图，最后根据"三等"规律相继作出俯视图与左视图。

6.2.2 家具结构图的绘制

家具结构图是反映家具内部详细制作、组装方法的技术性文件，也称作家具设计制作的施工图，图纸内容包括结构装配图、装配图、部件图、零件图、大样图等。如果说方案图是制作，那么家具结构图则是实施。

（1）结构装配图

结构装配图是最为完善和方便的技术图纸，包括家具主要设计视图、装配构造图、零件图、部件图的内容，如图 6-45 所示。在传统的家具生产行业，结构装配图涵盖了家具的所有信息，不仅指导将家具零部件装配成整体家具，而且反映家具零部件原材料的种类规格、加工工艺等。在此重点介绍视图、零件部件明细表、技术标准、尺寸标注以及装配图绘制方法等 5 个方面内容。

1）视图

家具结构图中的视图包含以剖面为代表的基本视图、局部详图、零件及部件图，甚至还可根据需要包含透视图。视图数量无固定要求，以家具具体情况为准，基本原则是清晰完整，不缺漏，不赘述。

视图层次是由整体到局部，由宏观到微观，由表面到本质的方式递进。在绘制基本视图时通常会采取等比例缩小的方式，这样一来，细节将难以辨识，因此会将重点零件、部件以及结构细部以放大比例表示，从而使技术工人明晰体会制作方法。关于视图放大缩小比例无绝对统一标准，需根据家具图纸表达需求选用比例。

2）零件、部件明细表

除视图外，家具装配结构和连接方式等涉及的零件、部件需有详细的参数及属性描述，因此在家具结构配件图中需呈现零部件等配件耗材明细表。明细表需按编号依次填写，包含名称、代码、规格、数量、型号等，其他特性可采用备注形式补充说明，如零部件材质、色彩、工艺要求等。

特别注意的是视图中的编号必须与明细表一致，以便读取视图时查证。

3）技术标准

无规则不成方圆，技术标准就是家具生产的规则，技术标准是对家具加工生产质量的严格把控。如规定尺寸精度、控制误差范围、光洁平整度、装饰工艺工序，以及视图难以反映的特别要求。家具检验就是凭借视图与技术标准中的各项指标进行的逐项评估、检查。

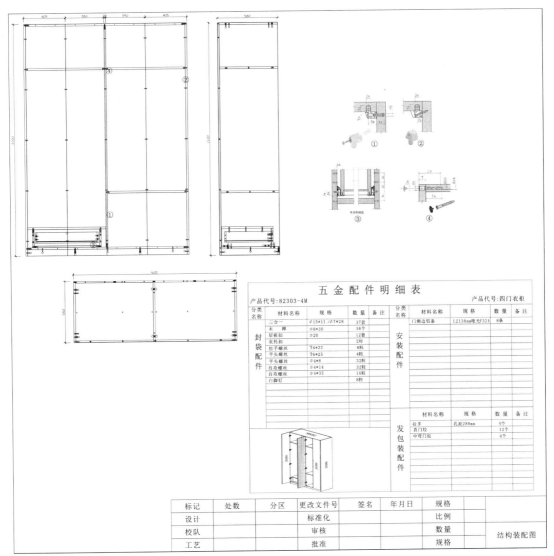

五 金 配 件 明 细 表

产品代号:82303-4M | | | | | | 产品代号:四门衣柜

分类名称	材料名称	规格	数量	备注	分类名称	材料名称	规格	数量	备注
封袋配件	三合一	φ15*11/φ7*28	37套		安装配件	门侧边帽条	L2138mm曜光F324	8条	
	木榫	φ8*30	36个						
	层板扣	φ20	12套						
	衣托扣		2对						
	拉手螺丝	φ4*22	8粒						
	平头螺丝	76*25	4粒						
	平头螺丝	φ4*8	32粒						
	自攻螺丝	φ4*14	32粒						
	自攻螺丝	φ4*35	10粒						
	白脚钉		8粒						

					分类名称	材料名称	规格	数量	备注
					发包装配件	拉手	孔距288mm	4个	
						直门铰		12个	
						中弯门铰		4个	

标记	处数	分区	更改文件号	签名	年月日	规格	
设计			标准化			比例	
校队			审核			数量	结构装配图
工艺			批准			规格	

图 6-45　柜体结构装配图示意

4）尺寸标注

在家具设计转为生产制作过程中，任何材料、部件、造型都必须落实到具体尺寸上。完善的视图尺寸标注分为三大层次、两大类别。

三大层次是指由家具总体外观造型到部件规格再到零件大小的尺寸，由大到小，由整体到局部。外观造型尺寸如椅子的整体长、宽、高；部件尺寸如扶手、椅腿的尺寸；零件尺寸如取材厚度、配件大小。

两大类别一是指物体尺寸，二是定位尺寸（即安装固定的准确位置限定）。

在尺寸标注过程中，很大程度地影响着家具最终的质量和效果，因此，尺寸标注务必清晰准确。然而也并非越细越好，为了图面清晰明了，在绘制中除特殊设计外，涉及常规工艺、重复工艺，以及常识性工艺（如板材厚度、通用榫卯构件等）就可省略。

5）结构装配图绘制方法

结构装配图信息量大、内容丰富，要绘制出条理清晰、内容完整、图面整洁的图纸需要绘制人员掌握科学有效的绘制方法。简单归纳起来有以下几个步骤。

版面规划：古有"意在笔先行"之说，意为作图前的谋划构思，对即将绘制的内容有完整的认识，并在大脑中进行构思安排，成竹在胸方才落笔。根据具体家具的尺量大小，繁简程度不同，版面排列需有相应调整。在对视图、尺寸标注、标题栏、明细表、技术标准等进行全面考虑后，可以往下进行。

绘制基础视图：绘制基础视图的第一步是确定主视图，主视图的选择以其能反映的物体特征为依据进行选择，在主视图基础上根据需要补充剖面、局部详图、主体结构图等图纸。

绘制零、部件图：零件、部件类型各异、规格不同，因此在表现时需根据具体情况确定绘制的视角和数量。

绘制尺寸，完善图纸：视图绘制完成后需要逐一进行标注，包括数字尺寸、文字注释。同时检查图纸规范，对线型、线宽进行核定。

编制技术标准，填写明细表：最后一步，是将家具设计的技术标准分要点、分步骤陈述。并且将零件、部件、配件等明细表进行统筹整理填写，与此同时审核图纸是否有错漏。

（2）装配图

相比结构装配图，装配图省去了零件、部件图以及部分结构详图。随着社会分工细化和生产升级，零件、部件以及配件都以专门生产机构专门生产，其生产中就以相应的零配件、部件图为技术依据，因此在家具生产环节就省去了该部分内容，自然也就不需要绘制该部分图纸。

装配图绘制重点是指明各部件、零件在装配中的准确位置和相互关系。对于尺寸部分仅注明装配完成后的整体外形及尺寸。在明细表中与结构装配图相同部分需将图纸代号与明细表保持一致。

总之，装配图在当下运用更为普遍，也更为简单易懂，如图6-46所示。

（3）家具拆装示意图

随着行业发展，生产及管理水平的不断提升使家具部件达到标准化、模块化、系列化。与此同时，消费模式的革命与运输包装效率的提升，使家具越来越多的以分散独立零部件集合包装的方式运送甚至销售，例如全球知名家具品牌宜家在该方面就十分先进。这样一来，家具最终的装配就由消费者自己完成，为保障消费者准确领会设计意图，正确完成组装需要依靠的就是家具拆装示意图及相关说明，如图6-47所示。对于结构相对复杂的家具，还需要将拆装图分步呈现，更好地引导消费者组装。

（4）部件图

部件对于家具犹如器官对于人，是组成家具的第一层次单位。家具的整体品质体现于部件品质。因此部件图的重要性不言而喻，常见部件图如：抽屉、靠背、椅腿、扶手、顶盖等。

相对于整体家具，部件是组成部分之一，而相对于零件，部件则是整体概念。因此部件图的绘制核心就是准确呈现零件的尺寸、结构、装配位置关系等。与结构图相似之处是部件图也可采用基本视图、剖面图、局部详图共同表达，同样为了准确表述技术细节和加工工艺要求，也需要严格填写技术标准、明细表，以及图框、标题栏，如图6-48所示。

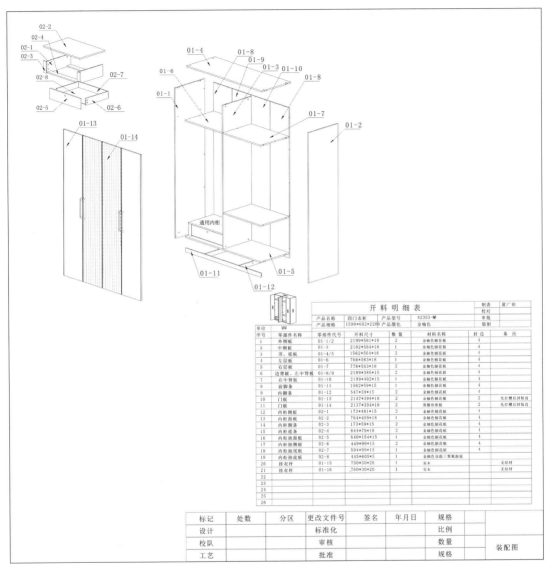

序号	零部件名称	零部件代号	开料尺寸	数量	材料名称	封边	备注
1	外侧板	01-1/2	2199*581*18	2	金柚色刨花板	4	
2	中侧板	01-3	2102*564*18	1	金柚色刨花板	4	
3	原、底板	01-4/5	1562*564*18	2	金柚色刨花板	4	
4	左层板	01-6	766*563*18	1	金柚色刨花板	4	
5	右层板	01-7	776*563*18	2	金柚色刨花板	4	
6	边背板、左中背板	01-8/9	2199*385*15	2	金柚色刨花板	4	
7	右中背板	01-10	2199*402*15	1	金柚色刨花板	4	
8	前脚条	01-11	1562*59*15	1	金柚色刨花板	4	
9	内脚条	01-12	547*59*15	2	金柚色刨花板	4	
10	门板	01-13	2137*394*18	2	金柚色刨花板	2	先打槽后对短边
11	门板	01-14	2137*394*18	2	黑檀双面板	2	先打槽后对短边
12	内柜侧板	02-1	173*481*15	2	金柚色刨花板	4	
13	内柜面板	02-2	764*499*18	1	金柚色刨花板	4	
14	内柜侧条	02-3	173*59*15	2	金柚色刨花板	4	
15	内柜底条	02-4	644*79*18	2	金柚色刨花板	4	
16	内柜抽面板	02-5	640*154*15	1	金柚色刨花板	4	
17	内柜抽侧板	02-6	449*99*15	2	金柚色刨花板	4	
18	内柜抽尾板	02-7	594*99*15	1	金柚色刨花板	4	
19	内柜抽底板	02-8	445*605*5	1	金柚色双面三聚氰胺板		
20	挂衣杆	01-15	750*30*20	1	实木		无铝材
21	挂衣杆	01-16	760*30*20	1	实木		无铝材

图 6-46 柜体装配图示意

(5) 零件图

零件是家具构成的最小单元，零件图的表述也是优良家具品质的前提，没有出色的零件就谈不上良好的部件，更无法制作良好的家具。因此家具零件图是图纸的基本技术支持。

在实际生产中，零件并非都需要绘制相应零件图，标准化的通用零件只注明编号、型号即可。特殊零部件（非常规零件）需要绘制详细图纸。与结构装配图、部件图一样，完整规范的零件图包含视图、尺寸标注、技术标准、明细表及标题栏。

零件图要求必须符合国家规范和行业制图标准规范，做到清晰、完整、正确。

(6) 大样节点图

与部件图、零件图不同的是大样图并非是指定对象的图纸类型，而是以画法命名。通过放大或与实物等大的方式绘制，因此称为大样图，如图6-49所示。大样图常运用于特殊设计的不规则零配件细微画法以及装饰图案的图纸绘制。

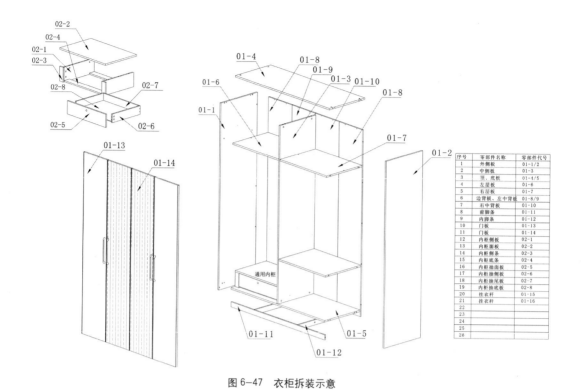

序号	零部件名称	零部件代号
1	外侧板	01-1/2
2	中侧板	01-3
3	顶、底板	01-4/5
4	左层板	01-6
5	右层板	01-7
6	边背板、左中背板	01-8/9
7	右中背板	01-10
8	前脚条	01-11
9	内脚条	01-12
10	门板	01-13
11	门板	01-14
12	内柜侧板	02-1
13	内柜面板	02-2
14	内柜侧条	02-3
15	内柜底条	02-4
16	内柜抽面板	02-5
17	内柜抽尾板	02-6
18	内柜抽侧板	02-7
19	内柜抽底板	02-8
20	挂衣杆	01-15
21	挂衣杆	01-16
22		
23		
24		
25		
26		

图 6-47　衣柜拆装示意

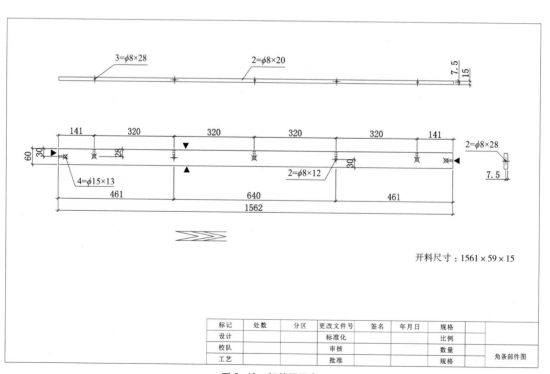

开料尺寸：1561×59×15

标记	处数	分区	更改文件号	签名	年月日	规格	
设计			标准化			比例	
校队			审核			数量	角条部件图
工艺			批准			规格	

图 6-48　部件图示意

对于不规则形态,通常运用十字网格作为参考系统进行控位,十字网格可根据图形变化幅度放大缩小,网格间距必须均等统一,并注明单位间隔尺寸。从而有效直观地对其进行准确控形、控位、控量控制。

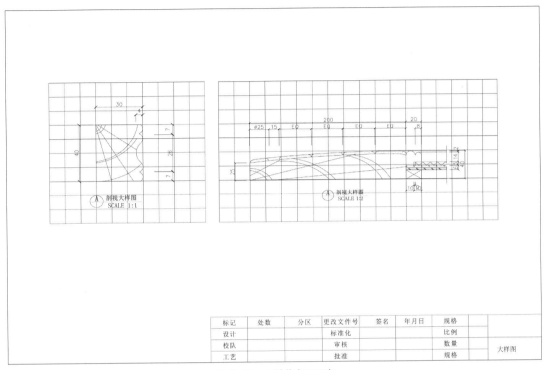

图 6-49　大样节点图示意

作业七　家具测绘

作业标题：

学生在宜家家居进行家具调研学习,着重了解家具的外观造型特征与材料构造做法。

作业形式：

A3 白纸,尺规作图,墨线绘制,小组形式上交。

作业要求：

1.以小组为单位,在宜家家居内选择一个样板房作为测绘对象,每个组员同时选择一件家具进行测绘;

2.拍摄样板房内景照片,并绘制样板房平面图,在平面图中需要标识小组成员与家具关系;

3.组员对测绘家具进行拍照记录,需拍摄家具的平面、正立面、侧立面、内立面、做法细节等实景照片,照片需从各个角度表达清楚所摄对象,3寸左右大小;

4.绘制家具设计图。每件家具需绘制 1 个平面图、2 个以上立面图、1 个剖面图、2 个以上节点详图(注意节点详图可选用比例为 1：1 ~ 1：10,其余图纸可选用比例为 1：10 ~ 1：20);

5.设计图应符合制图规范,需清晰、详尽地画出家具的尺寸、材料、标识等内容。

评分标准：

家具测绘评分标准		
序号	标准	分项分值
1	作业内容完整，符合要求	30
2	图纸绘制符合制图标准	50
3	图面整体表现效果好，版面整洁、图纸表现充分出色	20
总计		100

小结评语：

通过本节学习，结合作业训练，帮助同学们认识基本的家具制图基础知识，了解并熟知常用制图规范，掌握家具施工图绘制的流程和主要方法，课程练习以测绘为手段帮助学生巩固制图方法和规范的应用。在基础知识、行业标准、制图方法等方面的教授和实操练习过程中希望学生做到读懂图，能绘图，以至于能绘好图的最终目的。

7

模块七　家具创意设计

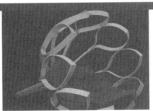
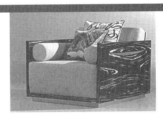

教学目的：

1. 了解家具设计的基本概念。

2. 掌握家具设计的基础知识。

3. 提高家具设计的审美能力。

4. 了解家具造型设计的基本概念与方法。

5. 启迪家具设计思维与扩展专业视野。

所需课时：

8 ~ 12

自学学时：

12 ~ 16

推荐读物：

1. 上海家具研究所 . 家具设计手册 [M]. 北京：中国轻工业出版社，2001.

2. 李风崧 . 家具设计 [M]. 北京：中国建筑工业出版社，1999.

3. 彭亮 . 时尚家具设计制作 [M]. 南昌：江西科学技术出版社，2001.

4. 童慧明，徐岚 .100 年 100 位家具设计师 [M]. 广州：岭南美术出版社，2006.

5. 唐开军，行焱 . 工业设计——家具设计 [M]. 北京：中国轻工业出版社，2010.

6. 吴智慧 . 室内与家具设计——家具设计 [M]. 北京：中国林业出版社，2005.

7. 胡名芙 . 世界经典家具设计 [M]. 长沙：湖南大学出版社，2010.

8. 牟跃 . 家具创意设计 [M]. 北京：知识产权出版社，2012.

9. 孙祥明，史意勤 . 创意设计丛书——家具创意设计 [M]. 北京：化学工业出版社，2010.

10. 韦自力 . 创意与创造——家具概念设计 [M]. 南宁：广西美术出版社，2010.

重点知识：

1. 家具造型法则及应用。

2. 家具设计的表达方式。

3. 家具设计三要素的实际应用。

难点知识：

1. 家具造型法则在实际设计中的应用。

2. 设计表达的实际操作。

7.1 家具设计概述

7.1.1 家具设计的基本概念

家具设计既是一门艺术，又是一门应用科学。家具设计是指设计人员在用途、经济、工艺材料、生产制作、审美等多方面限定条件下，经过计划与周详的构思而创作出家具的功能、造型、材料、结构、尺度和尺寸，并制成图纸的过程（图7-1）。

7.1.2 家具设计的主要内容

家具设计主要包括功能设计、技术设计及造型设计三个方面，这三方面也被称作家具设计三要素。

（1）功能设计

三要素中位列首位的是家具的功能设计，即设计家具的最终目的，也就是满足使用者的基本需求，至少有三方面需求：适用性、耐用性、节省空间。

1）适用性。首先，要适应空间的功能与所处环境的需求，其次舒适性也是家具设计的重点，此外还需能方便易用。

2）耐用性。牢固的结构与材料，易于维护与清洁，可以延长家具的使用寿命。

3）节省空间。折叠与多用途的家具可以节省更多的有效空间用于其他活动。

（2）技术设计

技术设计是家具构成的基础，其组成部分有：材料、工艺、结构。

1）材料：根据不同的材料特性选择优良的材料，再对材料施以适合的工艺。

2）工艺：包含对材料性能结构的加工改造工艺和对材料的美化装饰工艺（图7-2）。

3）结构：不同结构决定了家具的造型、风格、质量、性能，这都取决于家具的功能要求。

（3）造型设计

家具造型设计即外观设计。优良的造型设计需要满足三方面按的基本要求：满足功能需要、工艺精良、美观协调。

1）满足使用功能需要是第一位的，不符合使用要求和行为习惯的外形设计对家具而言是致命缺陷。木凳的造型是为美而设计，满足生活的需求就是椅凳造型设计的最核心前提（图7-3）。

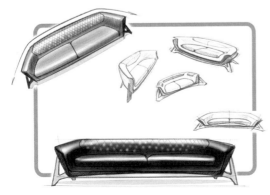

图7-1　家具设计草图

图7-2　精湛的弯木工艺

图7-3 功能明确实用的坐凳　　　图7-4 实木座椅细腻精致　　　图7-5 美观协调的家具组合
　　　　　　　　　　　　　　　　　的制作工艺

2）工艺精美是造型设计品质的体现，卓越的工艺是优秀造型设计的保障（图7-4）。

3）美观协调涉及家具整体材质、色彩的搭配、家具整体构架、家居装饰细节与整体之间及家具与环境之间的协调融合。只有诸要素高度和谐，才能达到完美的视觉效果（图7-5）。

功能设计、技术设计与造型设计三要素概括性地呈现出了家居设计的主要内容和侧重点，要设计出良好的家具产品必须协调好三者之间的关系，三者既互相联系又各自独立，设计师正是在不断的平衡和层次递进的过程中完成设计工作的。

7.1.3　家具设计的原则

随着社会的富裕，人们的生活水平日益提高，对家具等日常生活用品也提出了新的要求。同时，人类也面临着越来越严峻的生存挑战，资源紧缺、环境破坏、生态失衡，正逐渐影响着人们的消费观，在此背景下，家具设计也被赋予了新的内涵和准则。由此提出了"实用、美观、绿色、经济"的基本原则。

（1）实用

主要针对物质功能，即家具必须具备基本的使用功能，这也是家具设计的本质与目的，并在此基础上，力求家具产品物质功能得到最大限度的发展。家具的功能实用性设计原则应该体现在功能合理、性能优异、使用舒适、符合需求等方面。

1）功能合理

家具产品服务于人的工作和生活，其功能应根据工作和生活的需要而设定。随着生活水平的提升和社会分工的细化，功能需求也不断细分，因此家具的功能合理性要求，也意味着十分准确的功能设定，如此一来，具体家具功能针对性得以加强，更提升了家具设计的合理性。

2）性能优异

家具的工作性能一般取决于家具材料、结构等的物理性能、化学性能，包含家具在使用过程中的稳定、耐久、牢固、安全等各个方面所能达到的程度。由于其直接体现了家具的综合质量，所以特别受到重视（图7-6）。

3）使用舒适

在设计过程中，应充分考虑其形态对人的生理及心理方面的影响与互动。按人体工效学的要求指导人机界面、尺度、舒适性、宜人性设计，避免设计不当带来的疲劳、紧张、忧患、事故，以及各种对人体的损害（图7-7）。

图 7-6　稳定可靠的座椅

图 7-7　与人体结构高度贴切和舒适有趣的摇椅设计

4）符合需求

在以市场经济为主导的社会经济环境下，家具作为商品，必须符合市场需求，因此家具设计必须建立在对消费市场的动态、行业趋势、销售环节、消费心理等方面的充分了解的基础上，才能设计出符合不同人群，满足不同需求的多样化家具产品（图 7-8）。

（2）美观

美观所体现的是消费者对家具精神层面的需求。美观是家具产品能给予消费者心理愉悦的体验和享受。通过对文化传统、材料选择与搭配、工艺实施、装饰手法等要求的把控而达到对外观的形象造型。家居设计的外观能反映出鲜明的地域特色和时代特征（图 7-9）。也是时尚的风向标，既能反映社会时尚风潮，同时也会受到时尚流行元素的影响。

图 7-8　多样化的系列家具，满足多样化功能需求

图 7-9　极富美感的家具作品

（3）绿色

要在资源可持续利用前提下实现产业的可持续发展，家具设计必须考虑减少原材料、能源的消耗，考虑产品的生命周期，考虑产品废弃物的回收利用，考虑生产、使用和废弃后对环境的影响等问题，以实现可持续发展。生态可持续、节约环保作为绿色产业的基本原则是当今诸多产业的发展共识，家居设计也不例外（图 7-10）。

图 7-10　利用废料与可再生材料制作的家具

（4）经济

家具作为一种工业产品和商品，必须适应市场需求，遵循市场规律。家具设计需正确处理市场需求的多样性、人的需求的层次、生活方式的变化、消费观念的进展等问题，分别开发适销对路的产品。如何减少消耗、提高生产效率、提高材料的利用率、降低成本就是经济性原则的主要内容。其中标准化设计、模数化设计与生产就是有效提升经济效率的方法。通过标准化、模数化，我们能使生产专业化、模具部件精准化、规格化，从而有效节约原料，提高利用率，实现更好的经济效益。

7.1.4 家具设计的程序

设计程序是指我们为了实践某一设计目的，对整个设计活动的策划安排。它是依照科学规律合理安排工作计划，其中每个环节都有着自身要达到的目的，而各个环节紧密结合起来也就实现了整体的计划目标。与其他设计专业相似，家具设计也是一个系统化的实践活动。家具设计的整个过程包括收集资料、设计构思、绘制草图、评价、优化、再评价、绘制生产图等程序。

7.2 家具造型的基本要素

家具设计造型原则是各造型要素与形式美法则的结合，从而创造出满足人们精神功能以及审美需求的家具造型。

点、线、面、体是形式产生的最基础元素，因此也称之为造型的基本要素。

7.2.1 点要素的运用

点在构成要素中是最基本的单位，具有大小、形状及体积。在家具造型中的点具有强烈的装饰效果，起到"画龙点睛"的作用。其应用如柜门的各种拉手、锁孔、环扣等小五金件，沙发上的炮钉、皮钉等（图 7-11）。

7.2.2 线要素的运用

点的顺序排列组成线，线是面的界限，同时是构成物体轮廓的基本要素。线有垂直线、水平线、斜线、曲线之分。其应用有家具部件的边线，装饰图案线及线脚处理等（图 7-12）。

7.2.3 面要素的运用

点的密集组合或线的移动轨迹组成面。有平面与曲面之分，曲面富于动感，常应用于注塑家具与薄壁家具（图 7-13）。

图 7-11　点要素在家具设计中的运用

图 7-12　线要素在家具设计中的运用

图 7-13　富有动感的曲面整体家具　　　　　图 7-14　"虚体"的玻璃家具设计

7.2.4　体要素的运用

面移动的轨迹构成体。可分为几何形体与非几何形体，其中长方体与立方体在家具中的使用最为常见。按构成方式分为实体与虚体，其中虚体的典型是玻璃的陈列柜（图 7-14）。

7.3　家具造型的形式美法则

将家具造型设计与形式美法则相结合就形成了家具设计形式美法则。主要有比例与尺度、统一与变化、节奏与韵律、均衡与稳定、仿生与模拟等法则。

7.3.1　比例与尺度

比例与尺度的研究重点是构件的相对尺寸。比例是构图中各部分之间的关系，尺度是在某些标准度量下对物体大小的感觉。两者关系密切，相依相存，是形式美法则中最基础的一环。

（1）比例

指家具整体形式的部分与部分之间，部分与整体之间的关系（图 7-15）。

图 7-15　家具设计中各要素考究的比例关系

1）整体比例关系：即家具长、宽、高的关系，这也是区别不同家具造型的关键。此外选用不同的材料，其整体比例关系由于材料特性的不同而造型不同。如石制家具就要比铝制家具在造型上粗壮、敦实得多。

2）整体与局部之间的比例关系：整体与局部是一个相对概念，如椅腿相对于整个椅子是局部，但相对于椅腿上的部件或装饰而言，则可看作整体，因此家具的整体与局部是多层次的，需要协调好各层次上的局部与整体关系；局部与局部之间的比例关系是一种平行的比较关系，涉及长短、宽窄、粗细等方面。如沙发的靠枕与坐垫之间的比例关系就是局部与局部的关系，两者之间的比例关系不仅决定了沙发的外形，还反映了沙发的功能和风格差异。

3）良好的比例：在人类长期的设计类活动中，探索出了更易于体现美感的比例关系，我们将其作为规律化比例模式，广泛运用于家具设计中，如：黄金比（0.618）；根号长方形（如1.414，1.732）；数学级数分割（有相加级数比与等比级数比，如1：2：3：5：8……与1：2：4：8：16等）；等距分割（整体分成相同的若干分）及倍数分割（整体分割成倍数的若干份）；建筑模数等（图7-16）。

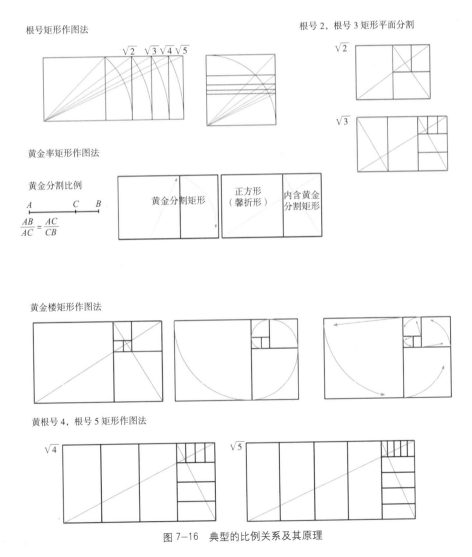

图7-16 典型的比例关系及其原理

（2）尺度

尺度是对具体尺寸之间相互比较关系的表述，以家具为研究对象，尺度的概念可以分为三个层次，即：普通尺度、放大尺度和缩小尺度。

1）普通尺度：根据家具的实际功能需求，所呈现出的常态状况下的尺度关系，如长宽高的实际尺寸和相互比例关系。

2）放大尺度：根据特殊需要，在某些情况下为了与空间协调，会适当放大家具的尺寸和夸张其比例关系，从而彰显出空间的氛围：宏伟、庄重、开阔。尤其在纪念性、宗教性、民族性等相关类型的场所中更是如此（图7-17）。

3）缩小尺度：相比放大尺度，有时为适应小开间空间，家具尺度会适当缩小，如日本风格空间。小尺度家具给人温馨、亲切、友好的气氛（图7-18）。

图7-17　放大尺度的家具

图7-18　家具的尺度变化

7.3.2　统一与变化

统一与变化是一对辩证概念，统一强调相似，如性质、形态、尺寸、颜色等相近或趋于一致，统一带给人和谐、有序、可靠的感觉，然而过于趋同的统一会因为缺乏变化也往往带给人单调、乏味。与此相反，变化强调相异，各有侧重，大小变化、粗细变化、色彩的深浅、冷暖、纯粹与混杂等。变化是世界丰富多彩的根本原因，适度的变化给人活跃、生动、丰富的感觉，过度的变化则会给人混乱、无序、失稳的负面感受。

在家具设计中，统一与变化作为最基本的造型原则，被广泛运用。在整体统一的前提下追求细节的变化，达到统一中有变化，变化中有统一的艺术效果。常用的手法有强调变化的对比与侧重统一的调和；另外，还可表现为有主体与从属的模式。

（1）对比与调和

常见的对比与调和要素主要有以下几方面：

1）线条的对比主要有长与短、直与曲、粗与细、竖与横等；

2）形状的对比主要有大与小、方与圆、宽与窄、盈与缺等；

3）色彩的对比主要有深与浅、冷与暖、浓与淡、彩与素等；

4）秩序的对比主要有整与零、疏与密、聚与散、顺与逆等；

5）方向的对比主要有正与反、高与低、上与下、内与外等。

在家具设计过程中并非所有以上要素均有涉及，一件独立的家具作品，往往只是在其中的一两个要素上体现对比与调和所带来的视觉效果（图7-19）。

（2）主体与从属

统一与变化的另外一种常见形式是主体与从属，主体是家具设计中的重点与亮点，通过在色彩、形式、质感等方面的差异化塑造使之从整体中得以凸显，形成具有代表性的细节，在主体明确的情况下，需要有相得益彰的映衬，也就是非主体，我们称之为从属。主体与从属的配合关系使家具中既有变化丰富、精彩夺目的亮点，同时也使家具相互和谐统一，主次分明（图7-20）。

图7-19 长短的对比与调和

图7-20 家具造型的主体与从属

7.3.3 节奏与韵律

节奏是艺术表现的重要原则，强调重复，指按一定的定律连续反复，如大小、长短、深浅、高低等。韵律则不是简单重复，而是具有一定规律的多要素间的整体变化，相比节奏，韵律更为复杂，更为高级，也更为富有意韵，是形式美的高级表现形式。韵律包含连续韵律（图7-21）、渐变韵律（图7-22）、起伏韵律（图7-23）以及交错韵律（图7-24）。

图7-21 连续的韵律

图7-22 大小渐变的韵律

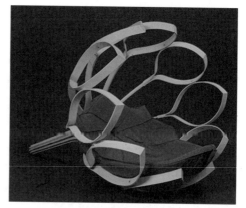

图 7-23　起伏的韵律　　　　　　　　　　　图 7-24　交错的韵律

7.3.4　均衡与稳定

　　均衡与稳定都是形容家具形式要素之间关系和整体效果的法则，两者相似又不尽相同。均衡侧重表达左右前后的水平量比关系；稳定则是侧重对家具上下体量的比较关系。

　　（1）均衡

　　均衡可分为静态和动态两种模式，其中静态均衡又可分为对称均衡和非对称均衡两种形式。

　　1）静态均衡

　　对称均衡：轴线或支点相对端质量与形式相同的形式成为对称均衡；对称均衡根据对称要素的相似程度不同可分为绝对对称和相对对称两种形式。绝对对称指轴线或支点相对端质量与形式完全相同，分别称为镜面对称（以轴线对称的形式）和中心对称（以支点对称的形式）（图 7-25）。相对对称是指轴线或支点相对端形式相近或相似，但形式内部组成或不同质的对称形式。

　　非对称均衡：轴线或支点相对端质量与形式不同，但在视觉感上或心理上给人平衡感。相较而言，这类形式的均衡比对称均衡更富有变化。

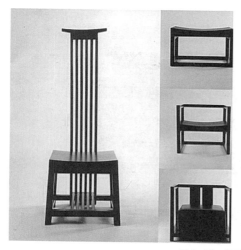

图 7-25　轴线对称与中心对称的家具设计

2) 动态均衡

动态均衡强调的是变化中的平衡感，没有对称轴，也没有对称支点，是依靠运动获得维持的一种平衡，基于重心平衡的一种视觉形式，如飞机和飞鸟的飞行姿态，动态均衡在家具设计中被称作一种静中求动的形式美法则。

(2) 稳定

稳定可以分为实质稳定与视觉稳定两种模式（图7-26）。实质稳定是常规概念意义上的稳定，视觉稳定则是通过视觉手法使家具在感官上给人稳定感，通过装饰手法，如色彩搭配的上浅下深，给人上轻下重的视觉稳定感。

7.3.5　仿生与模拟

在家具设计中的仿生与模拟主要是强调造型手法，仿生与模拟都是形式设计的特殊方法之一，相较完全抽象的人类原创造型，仿生与模拟都具有明确的原型，或取自动物，或取自植物，甚至以人为样本，通过模仿借鉴，使家具更富有情趣意味。

根据造型的方式不同，可分为整体造型的模拟（图7-27）、局部构件的模拟（图7-28）、装饰图样的模拟（图7-29）。

图 7-26　色彩与造型均具稳定感的家具设计

图 7-27　红唇沙发

图 7-28　人腿餐桌

图 7-29　龙纹椅背

7.4 家具设计的色彩与材质

7.4.1 家具色彩的多样性与重要性

（1）家具色彩的多样性

家具色彩根据所选材料的不同和所施工艺的差异千变万化，尤其在当今科学技术的发展之下，生产能力极大提高，家具设计领域也获得极大解放。材料可选空间变大了，制作生产技术革新了。以下简单介绍三类主流的材质类型。

1）木、竹、藤为代表的自然材料

天然材料自身本色各不相同，即使相同的材料其色质都呈现出一种生动的变化（图7-30）。

固有色：自然材质的原色即固有色，如紫檀的深紫色，黄花梨的黄色，红酸枝木的玫瑰色，乌木的黑色等。

涂饰色：为了保护木材同时也为了装饰，故在家具表面做保护性涂饰，如上漆。分为透明涂饰与不透明涂饰两类，即清水漆与混水漆。透明涂饰又分为改变木材固有色的染色漆与保持固有色的非染色漆两类。不透明漆色彩丰富，早在我国春秋时期就已经出现使用大漆的精美漆器家具。

覆面装饰色：主要是人造板上的覆面色，其色彩多样，起到很好的装饰效果（图7-31）。

2）金属、塑料的色彩

金属、塑料自身也有一定的光泽，可根据需要人为调整材质色相，金属因其成分含量不同，其颜色也大相径庭，如紫铜、黄铜、锻铁、不锈钢等，另外工艺也可改变金属的颜色，如镀锌、镀钛金，同样是不锈钢，可呈现出黑色、金色、银色的差别。即使相同材质，在不同工艺下又

图7-30　木制及藤制家具

图 7-31　经过艺术处理的材质表面

有所区别，可呈现出光亮的镜面和磨砂处理的拉丝。镜面光亮活跃，哑光拉丝的色彩更稳定，富有质感。

　　塑料作为合金材料因其可塑性、易于加工的优势使其广泛运用于家具生产，该类材料色彩选择尤其丰富，可谓五彩缤纷，应有尽有，故呈现出轻松、活泼、时尚的色彩特征（图 7-32）。

图 7-32　塑料与金属材料家具

　　3）皮革、织物的色彩

　　皮革、织物类材料在人类社会发展初期，也是以自然材料结合一定的加工工艺制作，如兽皮、棉、麻、丝等，各自有其本色（图 7-33）。而今生产技术发达，加上对自然保护呼声的提高，皮革、织物都研发出了大量多品种的替代仿制品，如人造皮革广泛运用于生活中。织物也从自然取材的毛发、棉麻转为与人造织物并存的格局。

图 7-33　广受市场好评的皮革沙发

图 7-34 夸张并具有艺术个性的沙发色彩搭配

并且通过设计加工，皮革、织物结合一定的图案装饰，显得十分丰富美观。广泛运用于沙发、抱枕、床品、窗帘、椅垫等。在极大的程度上调节和优化了室内空间氛围。

（2）家具色彩的重要性

对家具的判断和认识是通过对其形态和色彩的共同感知而构建完成的，缺一不可。色彩具有标识性和情感性特征，在家具设计中色彩发挥着至关重要的主导作用。根据使用者特征（年龄、身份、爱好等）、适用场所、功能定位的不同，家具设计也需要慎重控制其色彩。可以说掌握好了色彩关系，就几乎把握了家具设计的总体方向（图 7-34）。

7.4.2 家具表面色彩与质感设计

了解了家具的色彩与材质之后，我们一起学习如何运用色彩和质感进行家具设计。色彩与质感相互搭配、相辅相成。

（1）家具色彩的设计

家具设计也需要考虑色彩要素，色彩的选配是家具设计成败的关键，对比与调和均为家具色彩设计的主要手法。

1）家具色彩设计中的对比：具有对比关系的色彩称为对比色，互为对比色关系的两个颜色位于色环的两个对角，对比关系极强的三对对比色称为补色，红与绿、蓝与橙、黄与紫。对比色常用于营造激烈、活跃的空间氛围，如娱乐、展示商业类空间的家具设计（图 7-35）。

2）家具色彩设计的调和：色彩的调和关系是与对比相反的，要产生出调和的效果，往往是由相近和相似的色彩组合而成，相似与相近色彩之间只是在某些要素上略有差异，如色彩的饱和度、明度方面的微弱差异，总体而言较为统一，因此调和的色彩关系易于营造出宁静和谐、有序轻松的空间氛围，如办公空间、疗养空间和文教类空间（图 7-36）。

图 7-35 丰富活跃的家具色彩

图 7-36 温和协调的家具色彩

家具色彩设计是家具设计至关重要的环节和要素，因此在设计中需要全面考量，如家具的功能，家具使用的场所，家具使用者的身份、年龄、性别、民族等。

(2) 家具的质感设计

家具与人亲密接触，甚至人的身体肌肤都会与家具发生频繁的接触，正因为此，在我们对家具的全面感知中，质感成为十分重要的评价要素，不同质感的家具所传达的信息也是大相径庭的，如柔软、坚硬、粗糙、光滑、细腻、柔顺等。我们在家具设计中对材质选用和质感表现主要考虑两种选择。

1) 材料本身的固有质感。如同人各有其性格特点，材料的质感会给人带来不同的生理和心理体验，也通过质感感知，我们才能更准确地认知材料。木质的温和、棉麻的清新、毛皮的柔软、金属的硬朗。尤其在当今设计主流越来越推崇呈现材质本原的特质，使其物材之美得到完美彰显，而非过多的覆盖、修饰 (图 7-37)。

2) 材料经加工工艺改变的质感。有优点就有缺失，材质原有质感相应存在一些不足，因此往往需要进行加工处理以达到各种使用需要。如木材虽温馨自然，但其质地相对柔软易损，通过防腐防蚊处理 (浸泡，除水)，表面饰漆后也会变得坚实，表面光洁。光亮的金属硬朗坚实，但往往显得冰冷，通过模具压印或拉丝、磨砂，则可呈现出特别的质感效果。质感的改变会给人不同的体验，传统工艺就是对材质质感的艺术化处理手法产生的历史感、沧桑感、年代感，而使人感受材料的特殊魅力 (图 7-38)。

图 7-37　利用材质的天然美　　　　图 7-38　经加工后的金属材质艺术茶几

7.5　设计表达与设计深化

7.5.1　设计师应具备的技能

设计表达与设计深化是家具设计过程中的创作细节，也是创作核心。作为家具设计师，设计表达的能力是从业基础，是设计师与创作团队、与客户、与观者沟通和交流的桥梁。其形式远不止于语言，这里的表达更多是指图像化的表达，通过直观的图像，表现出材料、色彩、结构等信息，从而使观者领会设计意图。同时设计表达的内容呈现是设计师自我重视、反思、推进方案优化发展的重要手段。

7.5.2 初步设计与创意草图

初步设计是指设计构思的前期环节，包含设计准备、创意构思、创意草图三方面内容。

（1）设计准备

设计准备阶段是设计工作有序高效开展的前提，该阶段需要根据设计任务进行针对性设计调查（市场调研、问卷、产品评估等），资料整理、资料分析，从而形成完整全面的项目认识。只有通过充分的设计筹备，才能有的放矢，事半功倍。

（2）创意构思

在建立了明晰的设计任务、设计目标之后，设计师进行多种可能性的探索，进行各种试探性思考，该阶段也可称作头脑风暴阶段，大量的、快速的奇思妙想，为设计方案的形成提供尽量多的思路与参考。

（3）创意草图

伴随创意构思会同步形成大量创意草图，创意草图即兴、简介或反应家具形式，或反应家具结构，或反应工艺、装饰手法。形式灵活，并无国家标准，在优秀的创意草图中可窥见设计师思路的火花，创意的灵感。创意草图是记录思维的理想工具。通过若干个创意草图的优选比较，整合提炼出初步设计阶段的成果。表现出家具的具体尺寸、材料选用、色彩、工艺等信息。逐渐完整详细。最终表达能反应产品雏形，并能在其基础上制作出准仿真模拟效果图的程度（图7-39）。

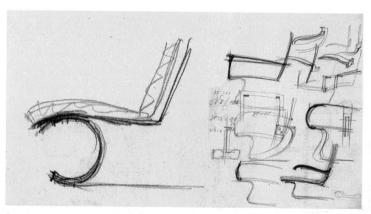

图7-39 设计创作草图

7.5.3 深化设计与细节研究

在方案设计基本确立的前提下，进入设计的深化阶段——深化设计与细节研究。逐步深入到产品的形态结构、材料、色彩等相关因素的整合发展与完善，并不断用视觉化的图形语言表达，这就是设计的深化与细节研究。该阶段要求在初步设计提炼出来确定的草图基础上，把家具的基本造型进一步用更完整的三视图和立体透视图的形式绘制出来，初步完成家具造型设计（图7-40）。

（1）深化设计

深化设计在室内设计、景观设计、工业设计中都具有相同的意义和价值，是将概念方案转为实际成果的关键环节，相对于概念构思阶段的发散式头脑风暴思维，该阶段要求逻辑清晰，井井有条，并采用科学化、理性化方式系统完善整个设计（图7-41）。

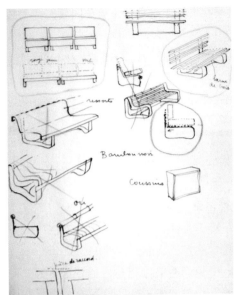

图 7-40　家具创意草图

图 7-41　家具设计方案深化草图

(2)　细节研究

在深化设计的整体性和广泛性之外，还需要对特定细节进行针对性研究，从而力求达到完美。细节研究是在造型、材质、肌理、色彩、装饰设计的基础确定之后，进行结构设计、零部件设计，特别是结构的分解的剖析，应进行大量的细节推敲与研究（图 7-42）。

1）　细节研究阶段的具体研究内容主要有以下几方面：

首先是对家具直观感知的分析，如材质、肌理、色彩的各种选配可能性分析；

其次是对家具有关人体工程学合理性的分析；

第三是对家具整体与细节尺寸的分析与审定；

第四是对家具各组成部分的结构关系进行分解和分析；

第五是对家具重点结构、关键节点进行构造分析；

最后是对家具系列化开发与生产策略的系统分析。

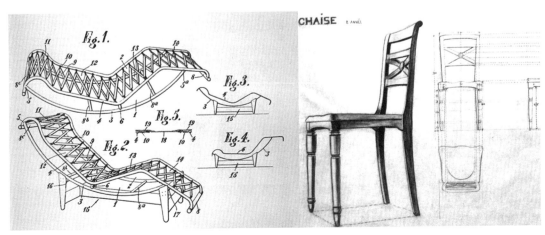

图 7-42　家具设计的细节研究

2）细节研究阶段的成果是细节草图（技术性）。对于家具制作而言，细节草图具有两大核心价值：

可行性研究：以绘制分解或组装图的方式，分析家具结构，从而检讨研制方案设计的可行性、现实性。

说明性：细节草图犹如一份家具设计的技术性说明书，以图形结合文字的方式，向制作者、设计团队，对结构、工艺、装饰等细节技术进行阐述注解。

（3）设计成果

在深化设计阶段完成方案的可行性论证，技术性研究，并制作尺寸详图、工艺结构、分解图，最后需要将所有成果进行规范化、系统化、标准化表达、制作完整设计文件。

完整的设计文件包括：效果图、施工图、模型、配件清单、经济指标五大项。

1）效果图：作为最直观的设计成果，效果图完整地呈现了设计的最终成品效果（图7-43）。效果图通常由计算机软件制作，逼真、唯美。包括透视图、彩色三视图。

2）施工图：施工图是指导家具生产的技术性文件，是家具生产合格与否的依据，因此必须严格要求施工图绘制质量，做到图纸符合相关规范标准、绘制清晰准确（图7-44）。

3）模型与评价：家具设计的重要环节是模型制作与体验评价，这就要求制作三维模型，三维模型可以直观地帮助设计师和参与评测的受众可靠地判断家具设计成果，常用的方式有电脑模拟三维模型和家具实物模型，两种方式都十分普遍地应用于家具设计生产环节。

家具实物模型可以真实感知，为最终的产品生产提供多方位、多要素的参考和反馈（图7-45）。

4）配件清单：配件清单主要包括《零部件明细表》和《外加工件与五金配件明细表》。

《零部件明细表》汇集了家具生产所涵盖的全部零部件，以及其相关规格、材料和数量等的综合信息，并以此对家具生产进行指导和管控，往往是在设计图纸绘制完成后，逐一认真填写。

《外加工件与五金配件明细表》是对家具设计和生产中所选用的对外采购加工件和五金零配件的记录备案，有利于管控家具质量和便于维护修理。

5）经济指标：家具设计生产最终目的是转化为推向市场的商品，因此，家具设计的经济指标是家具进行市场定价和利润控制的重要参考，其涵盖的内容主要有：用材用料的类别、加工工艺、规格型号、品牌产地等，并综合相关要素形成可供分析的经济参数。

图7-43　家具设计手绘效果图

图7-45　家具模型制作

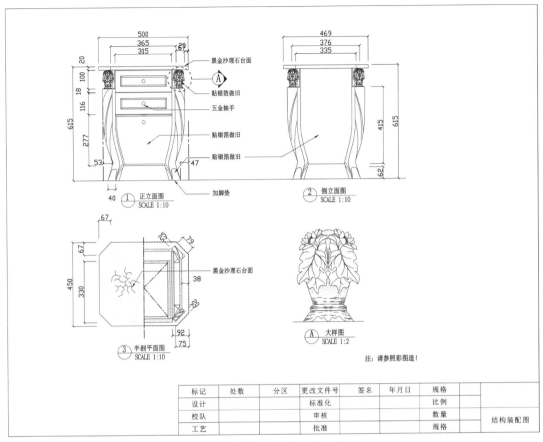

图 7-44　家具设计施工图图纸

作业八　家具品牌设计

作业标题：

选择知名家具设计品牌，对其设计进行分析评价。

作业形式：

A3 幅面，电脑结合手绘方式制作。

作业要求：

1. 以个人形式独立完成作业；

2. 每人选择三款不同品牌、不同风格、不同功能的家具，进行比较分析，并完成分析与设计评价报告；

3. 分析部分包括：家具品牌历史背景、社会消费定位、功能分析、造型分析、材质分析、工艺分析等内容；

4. 设计评价报告包括设计创意性、功能性、艺术性、人文性、生态性等方面评价；

5. 每个家具需有完整清晰的三维效果图或实景照片，有所侧重地绘制分析性与说明性图纸，如平面图、立面图、剖面图、节点大样图等；

6. 家具尺寸、材料等标识详尽，符合制图规范，版式自定。

评分标准：

序号	家具品牌设计评分标准	
	标准	分项分值
1	案例新颖有代表性意义	10
2	设计分析客观、全面、逻辑清晰、图文配合得当	40
3	设计评价准确、理据充分，并富有个人见解	30
4	图面整洁工整、内容饱满、版式设计大方得体	20
	总计	100

小结评语：

通过本节学习，结合作业训练，使同学们掌握基本的设计方法和原理，对家具设计概念、流程和方法有全面的认知，结合对优秀案例的评析训练，帮助同学们开始具备基本的判断能力，形成设计创作能力和建立行业拓展意识。

8

模块八　设计实务

教学目的：

1. 了解城市家具的定义、功能。

2. 熟悉城市家具的类别。

所需课时：

8～12

自学学时：

8～12

推荐读物：

1. 钱芳兵，刘媛．家具设计 [M]．北京：水利水电出版社，2012.

2. 朱瑞波．室内陈设与家具设计 [M]．北京：水利水电出版社，2012.

3. 马掌法，黎明．家具设计与生产工艺 [M]．北京：水利水电出版社，2009.

4. 张力．室内家具设计 [M]．北京：中国传媒大学出版社，2011.

重点知识：

1. 城市家具的分类。

2. 城市家具设计的方法和趋势。

3. 室内家具的分类。

4. 室内家具设计的选择与搭配。

难点知识：

1. 城市家具的设计与应用。

2. 室内家具的选择与搭配。

8.1 室外家具设计实务

8.1.1 概述

　　室外家具设计顾名思义是对室内以外的场所进行的家居设计实践。包括各种类型景观场所、街道、公园、景区等，涉及座椅、路灯、垃圾桶、告示指引、栏杆等，是环境与人之间关系的调节元素，室外家具设计的好坏直接决定环境设计品质的高低（图8-1）。

(*a*)　　　　　　　　　　　　　　(*b*)

(*c*)　　　　　　　　　　　　　　(*d*)

图8-1　室外家具

8.1.2 设计方法

　　与室内环境中的家具设计不同，户外家具面对更广泛的使用者，更严苛的自然条件，因此在设计实践中需要针对不同的地理位置，不同气候条件，不同区域的背景等进行全面构思。

8.1.3 室外家居设计趋势

　　室外家居设计的总体趋势也反映了设计的基本原则，即：多样性、人性化、生态化、综合化和地域化。

　　（1）多样性

　　由于科学技术的发展，城市家具的材料、色彩、造型出现多样化的趋势，大大丰富了室外家具形式。例如座椅的制造材料可用石材、木材、竹藤、金属、铸铁、塑胶、混凝土，因此其颜色、造型也日趋丰富多样，更加个性化、艺术化（图8-2）。

　　（2）人性化

　　室外城市家具在满足人们实际需求的同时，越来越追求人性化的发展。因此，我们必须在满足人们需求、尽量发挥城市家具的使用功能的基础上，研究其造型、布置，使其与周围的环境相协调。只有这样，才能设计出更优秀、更科学、更富有人情味的"家具"，创造更加充满活力的城市空间（图8-3）。

(a)   (b)   (c)

(d)   (e)   (f)

图8-2　多样化的室外家具设计

图8-3　人性化的室外家具

（3）生态化

今天，人们越来越提倡一种生态型的城市景观。同样，人们对"城市家具"也越来越要求环保、自然、节能、生态。例如街道中的垃圾桶，由于要求垃圾的分类收集与可回收资源再利用，于是各种分类垃圾桶应运而生（图8-4）。

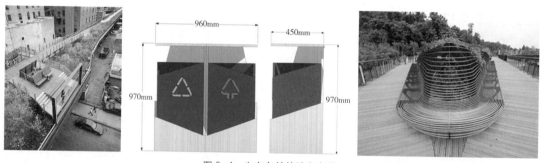

图8-4　生态自然的城市家具

（4）综合化

"城市家具"不再仅仅体现单一功能，而是日趋追求其综合效益。譬如花坛、水池并不仅仅用于美化点缀，花坛边、水池边还可以兼作休息的凳椅。还有的喷泉水景，不只可供人观赏，还可供人进入嬉戏玩耍等（图8-5）。

图 8-5　具有综合功能的城市家具

（5）地域化

现如今，一味地追求高科技、现代化，使得我们的城市变得"千城一面"，缺失了地域的特色，割裂了文明的延续，也严重伤害了人们对旧有环境的依恋情怀。因此，城市家具对地域特点的反映显得尤为重要，往往一个地域特色鲜明的城市家具能够成为一个地区的地标、一个城市的名片，甚至一个国家的象征（图 8-6）。

图 8-6　具有环境特色的室外家具

8.1.4　案例解析

（1）案例一：温尼伯滑冰的庇护所（图 8-7）

图 8-7　温伯尼区位图及现场环境

项目地点：加拿大，马尼托巴湖，温尼伯

设计机构：Patkau Architects

项目客户：The Forks Renewal Corporation

项目类型：滨水景观小品

温尼伯位于加拿大，是一个有 60 万居民的城市，其气候严寒，冬季气温 -30 ~ -40℃，而且冬季长达 6 个月左右。该项目位于阿西尼博因市中心的温尼伯河流上，加拿大建筑事务所 paktau architects 的设计师们本意是为滑冰爱好者们提供一个抵御凛冽寒风的庇护所。

项目十分成功，受到了全球具有景观设计奥斯卡评委会之称的美国景观设计师协会的高度评价："茫茫大雪中独立的一个木质小房子，模块化的外观十分独特，是不可多得的应景设计。"——2012 年美国景观设计师协会（ASLA）专业奖项评审团（图 8-8）。

图 8-8 "庇护所"近景

整个庇护所是由多个各自独立的单体所组成，每一个单体均由两张胶合板拼装而成，这些胶合板坚韧且柔软，易于形成曲面，两张相接拼合成类似"锥体"，为便于积雪滑落，相接处形成突起的"脊梁"从而不会因积雪而导致轻薄的结构形成荷载负担，十分巧妙。远远看去，这些相互依存的"锥体"仿佛一群簇拥的企鹅，形象非常可爱。

更为有趣的是，每一个锥体侧上方都留出了一个叶片状"天窗"，可接纳阳光，可窥视蓝天流云，可形成气流的流通，内外呼应。不仅如此，天窗还赋予了"企鹅"生命，寒风掠过，会产生婉转旋律，如风轻语，十分奇妙（图 8-9）。

如此浪漫的设计成本并不铺张，所使用的料胶合板就是当地建筑用品店购买的日常建筑材料，并且是利用木材废料预料人工合成，属于可再生环保绿色材料。还保留了木材温馨亲切的特性。

正是这群可爱的企鹅，为冬日的滑冰爱好者们提供了温暖、贴心的庇护所，使公众可以更为亲切、更为友好地与环境交融，也给冰封的河面带来了生气。

总之，"企鹅"的出色设计为我们塑造了集功能性、人性关怀、艺术性、环保性于一体的学习典范，给受众带来了美好的生理和心理体验，具有深刻的启发意义。

（2）案例二：红飘带——秦皇岛汤河公园景观设计（图 8-10）

图 8-9 "企鹅"布局及平立面设计图

图 8-10 汤河公园实景及平面节点

项目地点：中国，秦皇岛，汤河公园

设计机构：北京土人景观规划设计研究院

项目影响力：2008年入选国际知名旅游杂志《康德纳特斯旅行家》，被评为"世界建筑新七大奇迹"，与英国温布利大球场等著名生态建筑齐名的国际景观。

项目类型：城市公园与绿地

秦皇岛是中国北方著名的滨海旅游城市，汤河位于秦皇岛市区西部，因其上游有汤泉而得名。本项目位于海港区西北，汤河的下游河段两岸，北起北环路海阳桥、南至黄河道港城大街桥，该段长约1公里左右，设计范围总面积约20公顷（图8-11）。

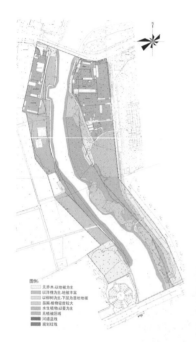

图8-11 规划平面及景观家具小品

项目地优势劣势明显。优势是其水位保持恒定，水质清澈，是秦皇岛的一个水源地。两岸植被茂密，水生和湿生植物茂盛，多种鱼类和鸟类生物在此栖息。具有城郊接合部的典型特征。对城市居民有很大的吸引力，很多新旧房地产项目都建设在河岸公园一带。劣势则是，场地被破坏和被占用严重，多处地段已成为垃圾场，污水流向河中，威胁水源卫生；遗留的建筑和构筑物残破、陈旧，有些已废弃不用，部分河岸坍塌严重；城市扩张正在胁迫汤河，破坏性建设严重，河道被花岗岩和水泥渠化和硬化；自然植被完全被"园林观赏植物"替代；市民可达性差，并且人流复杂，空间无序，存在许多管理上的死角，场地对城市居民存在安全隐患。

为还市民一个城市花园，北京土人景观规划设计研究院在俞孔坚博士的带领下欲将汤河公园改造成生态绿廊。打破通常水利和园林工程的设计模式，不再走"硬化河岸，绿化、硬化路径与人为景观相隔离"的老路，而是在维护汤河公园原有生态功能、保留自然河流的绿色与蓝色基调的基础上，以最简约的设计、最经济的人工干预，对有利用价值的自然元素进行保护性改造。

以城市家具设计为落脚点，本书重点讲解项目中的红飘带系统。"红飘带"实质为一张蜿蜒500m的"长凳"。"她"以自由流动的曲线形式穿越自然状态的树林、园区，在不破坏原生环境的前提下创造了一个线性的开放公共空间。沿着长凳（红飘带），人的流动被"串联"起来。在不改变环境、不破坏地形、不砍一棵树的前提下，创造了人与环境和谐共生的公园环境。

之所以被评为全球新七大奇迹之一，主要是因为其多元化的创新性突破。红飘带突破了传统城市家具的设计思维，集合了多种功能。概括起来主要有以下几点：

1）复合的功能性

红飘带是作为座椅供游园的市民坐躺休息。绵延几百米使人可随处随时落座，十分便捷；其次，为最大可能地保持公园的原生状态，红飘带与栈道并行，既引导了市民的行径同时也在一定程度上暗示了市民的行为范围，因此既是导向标，也是行为准绳。第三，坐凳外观之下是声光电系统的管线，伴随坐凳随机设置了照明设施，同时整合了公园的音响系统，既可听音乐也可领会公园设计思想。再有，红飘带作为与自然景观相呼应的人造设施，起到了公园中的点缀作用，使自然环境富有生气和艺术感染力，将人的热情和兴致贯穿于环境中（图 8-12）。

图 8-12 "红飘带"景观细节

2）和谐的生态性

红飘带沿线共设五个节点，每个节点以不同的乡土野草为主题：狼尾草、须芒草、大油芒、芦苇、白茅。同时以地形需要设计飘带的走势，从而避开原有地貌中的树木，极大地维护了原始场地的本来面貌。将灯具、音响和坐凳合而为一本身就是极大的节约，降低了人力物力投资。

3）亲切的人性关怀

除了基本的休息、照明、声乐服务以外，在红飘带引导下，市民可以领略公园中早已被设计师精心布置的视觉，从而可以帮助市民体验最美的自然景致。红色是绿色背景中最为醒目的色彩，还希望借此带给市民开朗和活力。让人意想不到的是，柔软的红飘带是选用钢板加工而成，耐用牢固同时给市民现代感。

4）联系传统与现代的艺术性

红色飘带的色彩选用十分经典，艳丽的中国红极富民族文化特色，并且与环境中的碧水绿林相映成趣，强力的对比犹如现代艺术装置，俨然形成一幅动态与静态，古典结合现代，城市与自然的艺术画面（图 8-13）。

图 8-13　充满市民乐趣的景观氛围

（3）案例三：美国奥克兰鲍威尔街人行道公共设施（图 8-14）

图 8-14　奥克兰鲍威尔街人行道街景

项目名称：鲍威尔街人行道景观设计（Powell Street Promenade）

项目位置：美国旧金山

设计单位：Hood Design

项目分类：道路景观

项目荣誉：2012 年 ASLA 奖综合设计奖

项目背景：接受景观改造的街区位于旧金山市内最繁华的地区之一，在拥有平行的停车位的四条街区之间，设计师将那些曾经的停车位改建为一条美观的人行道。设计师们将现有的人行道拓宽了 1.8m，又在其中注入了创意、科技手段和城市设计原理，为市民在繁忙的车流之间创造了一块安全舒适的环境（图 8-15）。

在拥有长久历史的老街区，鲍威尔街人口密度大，人流混杂，车水马龙，从而呈现出破败、无序与混乱。整理街区秩序，清理街道中的障碍与破落，重塑街区形象，使其为市民提供便捷舒适的活动场所是设计的目的所在。因此，由 Hood Design 的景观设计师团队设定了"将公园搬进人行道"的浪漫目标。

在拟定了整体设计规划框架后，设计师将大部分精力投入到解决人行道中市民的自由度、行为习惯及综合需求的细节当中，如保障安全的人车分离护栏的设计，充满随意性与放松感的

图 8-15　富有变化的种植槽

座椅设计，点缀美化街区的景观植物设施，清洁环保的太阳能光电照明设施，地面防滑装置与排水设施等。

如果仅仅解决功能需求还不足以引起行业和社会的关注，精彩之处在于这些功能的实现方式并非简单粗暴地提供城市家具，而是整体形象的塑造，统一的装饰元素，采用先进的技术实施，最终使功能各不相同的家具融为一体，整体呈现出街区和谐统一的新面貌。

该项目是现代都市中"将公园搬入人行道"的经典范例，探索了城市中带状空间用作人行道设施的潜力。无论是功能性、人性化、艺术性还是时尚性都值得城市家具设计者们认真学习（图 8-16）。

图 8-16　座椅、花坛、栏杆一体化设计

功能性：街区中的需求是公众化的，也是简单的坐、倚、靠、扶，而往往是这样简单的功能容易被设计者忽视，鲍威尔街人行道家具既充满了对简单功能的尊重，也对人的心理和精神需求做足了功夫，并且在材料的选择上可感受到设计师对功能稳定性和家具耐用性的全面考虑。

人性化：相较而言，街区中的行人流动性很强，结合快速车流，更使得城市的节奏加快，为使行人能在快节奏中舒缓地享受城市风光，享受踱步与交流的惬意，设计师设置了使人能随

图 8-17　精湛的景观工艺细节

意停留的设施，使花园成为可能。

艺术性：原本给人印象生硬乏味的栏杆，在此也被艺术化为可以舒适倚靠的形式；或独立，或与花坛结合的座椅巧妙地散布于街道段落中，路灯也一改笔直单调的形态，与座椅、栏杆扭动"共舞"，十分和谐（图8-17）。

时尚性：整个城市家具设计材质选用金属塑造出流动的片状形态，简洁而富有韵味，工艺精致，因此无论选材、外形还是制作工艺都具有极强的时代感和时尚气息，与历史悠久的老街区相得益彰，也赋予了街区新的活力。

鲍威尔街人行道景观中的城市家具设计堪称经典，这里也宛若一个城市家具的露天展厅（见图8-18）。

图 8-18　景观坐凳的设计细部

作业九　室外家具设计与选用

作业标题：

城市家具设计，城市陈设选用。

作业形式：

A3 文本，A1 展板（每组1张），并制作汇报PPT。

作业要求：

1.CAD 绘制，PS 上色，符合制图规范；

2.给本市某一区域（我校、某居住区、某公园绿地、某特色街区四类）设计主题城市家具，要求符合该区域特征；

3.设计范围为休息亭（廊）、休闲桌椅、候车亭、指示牌（导向牌）、布告栏、自行车停放设施，每人至少一个；其他家具与陈设选用示意图；

4.小组完成，每组从指定四类空间中选择一类。

图纸内容：

1.封面：要求注明设计标题、小组名称、成员姓名、指导教师及设计日期；

2.图纸目录：要求有图号、图名、图幅及备注四栏；

3.设计说明（图文并茂）：包括总图、区位、名称、设计理念等；

4.各设计图：包括平面、立面、剖面与电脑效果图（表达清晰），比例要求：1：20～1：50；

5.其他家具与陈设示意照片：包括其所在位置及必要文字说明。

评分标准：

	室外家具设计与选用评分标准	
序号	标准	分项分值
1	内容完整、制图规范	10
2	设计思路清晰、图纸表现准确	40
3	方案设计富有创意，符合功能性、人性化、艺术性等多元需求	20
4	方案成果（展板+PPT）制作美观统一	20
5	方案汇报完整流畅，层次分明，重点突出，讲解生动	10
	总计	100

小结评语：

通过本节学习，结合作业训练，帮助学生建立对城市家具的完整认识，并对室外公共空间中的综合需求有更为深切的理解和体会，形成在设计中进行全面考量的意识和习惯，关注不同人群心理和生理需求，关注不同地区和文化的审美需求，关注安全与便捷的实现方式，关注城市家具公共设施的多元化社会价值。

8.2 室内家具设计实务

8.2.1 概述

室内家具设计涵盖范围较广，既有公共室内空间中的家具设计，也有住宅室内空间中的家具设计，两者因为服务对象和功能布局性的不同，差异明显。在具体的家具设计实践中，首先需要明确家具使用的场所、家具所需功能，以此作为家居设计的前提和依据。以住宅室内空间中的家具为例，设计内容包括：沙发、茶几、餐桌椅等公共系列，也有床、梳妆台、衣柜等寝具。并且在商品化程度趋势日益加深的今天，越来越多样化。

8.2.2　设计方法

与室外家具设计方法不同，室内家具设计有准确和相对固定的使用者，因此在设计前期就需要十分清晰的设计定位，涉及风格、款式、消费价位、目标人群喜好、生活习惯等。否则很难在激烈的市场竞争中找到一席之地。一旦有明确的设计目标用户，进行针对性的设计研发，也就不难获得认可。

8.2.3　设计趋势

近年来，室内家具设计获得了空前发展，基于目前市场考量，主要有以下几方面显著发展趋势。

首先是多元化趋势，在消费力、文化背景、生活品味等差异的影响下，室内家具借助发达的生产技术和先进的工艺水平，呈现出越来越个性鲜明、特色突出的产品趋势，出现古典与现代并存，繁华与简约相伴，都市与田园共舞的局面（图8-19）。

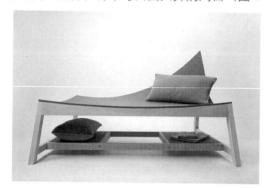

图 8-19　具有传统气质的现代家具

其次是艺术化趋势与实用功能已经成为不争的基本原则，越来越多的家具设计为获得市场关注，将更多的精力投入到产品风格、艺术个性的研发上，为消费者提供了丰富的选择空间，满足了各种审美需求（图8-20）。

图 8-20　前卫的艺术家具

第三是高科技与智能化，人工智能作为计算机后时代的伟大创造，如今越来越普遍地运用于设计领域，自动化与智能化家居设计正越发迅速地走进人们生活（图8-21）。

最后是生态可持续，无论什么行业，在今天的时代背景下生态可持续都是必须寻求的改革方向，家具的设计也不例外，再生材料的运用，材料的二次循环利用，环保无害原料开发与运用等已经逐渐成为企业间竞争的重要筹码（图8-22）。

图 8-21　智能化现代家具

图 8-22　生态自然材料的创造性运用

案例解析

1) 案例一：保利星语

保利星语属于高端别墅住宅，设计所面对的是一家六口：中年夫妻（45岁左右），年迈父母，一双儿女（儿子20岁，女儿7岁），还雇有保姆，富足且开阔的视野使夫妻两人对居住品质有着较高要求（图8-23）。

原始空间环境说明

色彩搭配
Color Collocation
米色系墙面与地面形成空间主体色；
红樱桃木色系的木饰面板与房间门作为重要辅助色存在。

材质组成
Material Composition
大理石地面与墙体装饰镜面具有高反光特性；
其他木饰面光滑平整。

风格造型
Style Modeling
空间吊顶棱角层次分明，偏硬朗；
电视背景墙软包与灰镜的形式略带港式半山气息。

设计主题-新古典主义、优雅低调、奢华含蓄

新古典（NEWARTDECO）风格对于精致与华丽的直白表达，无出其右。
而这里要说的新古典主义是对所有厌烦风格的批判性的继承。
是用低调和严谨对张扬和显性进行管控之后的新华丽主义。
美式风格源于美国乡村生活，运用大量野木材，注重夏日生活方式，强调手工元素和温馨的氛围，这种风格被广泛运用于客厅、侧厅和厨房等家人团聚的场所，还有诸如阳台、门廊等于邻居和亲朋好友间叙旧的地方。
两种分立的文明在此相纠，元素的混搭是主体，但更多的还有现代与传统的搭配。在同一个空间里，文化的碰撞擦出的不是冲突的火花，而是一种物质"兔永拥庸"和精神"宁静致远"的交汇。

图 8-23　项目基本情况

在基础设计装修中已设定了新古典风格的导向，因此家具选用及陈设系统设计既需要尊重既有的设计基调，同时也需要优化和突破空间的整体氛围（图8-24）。

设计主题－新古典主义、优雅低调、奢华含蓄

主色调

辅助色调

图8-24　设计色彩基调控制

因此结合业主的基本要求，设计师设定了三个基本原则以指导家具选用和陈设搭配。

首先是家具功能性前提下必须体现出业主品味和实力的艺术性，使其自身具有良好的展示价值（图8-25）。

客厅陈设方案－围合示意图1

图8-25　客厅陈设搭配元素

其次是在空间的整合度上，主张利用成品采购和私人订制相结合的方式，一方面能保持家具饰品的品牌和品质，同时也需要通过订制使居室之间完美融合，营造独有并且与空间完美契合的配套效果（图8-26）。

第三，为满足家庭成员多元化审美需求以及赋予空间更多的创造性和艺术层次，设计师提出整体统一于新古典，同时适度打破单调，插入点缀异质元素，使空间富有个性特色（图8-27）。

最终设计方案在设计师把控下，以适度混搭的方式，品牌选购结合私人订制，使业主在有限的预算下，达到了理想的预期效果（图8-28）。

儿子房陈设方案

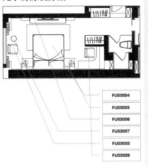

1. 单人沙发	2 件
2. 床头柜	2 件
3. 电视机柜	2 件
4. 床	1 件
5. 圆几	1 件
6. 书椅	1 件

图 8-26　儿子房主要家具选配方案

儿子房陈设方案

1. 台灯	2 盏
2. 吊灯	1 盏
3. 壁灯	2 盏
4. 落地灯	1 盏
5. 地毯	1 件
6. 挂画	1 组

图 8-27　儿子房灯具、地毯及挂饰方案

儿子房陈设方案 - 围合示意

图 8-28　儿子房陈设搭配整体效果示意

2）案例二：Solis 酒店（深圳·万科·概念方案）

与住宅空间所面对的固定使用者不同的是，酒店空间作为公共空间类型面对过往宾客，因酒店自身定位的差异，所面对的客人也各有不同，因此会根据入住旅客的具体情况进行整体营造。其中陈设设计就是体现酒店特色的重要途径，优秀的陈设设计会准确且恰到好处地将酒店的品质、主题、文化等特质传达给宾客。

深圳万科 Solis 酒店是一所定位高端、主题明确的精品酒店，酒店整体文化定位为中式，相比传统中式的沉闷与厚重，本次设计更侧重中式意境的营造，意在呈现出内敛含蓄，兼具新颖时尚的艺术魅力，力求与其对应的宾客产生文化共鸣。

为凸显酒店文化意境，选择了非常规的书法字体，或遒劲，或挥洒，或精致，使字如画，文化与艺术合体。在饰品选择上也同样别出心裁，传统的陶瓷艺术结合自然素材——枯枝，使人工技术与天然材料合而为一，浑然天成，意境悠远，十分高妙地彰显了酒店设计的品位与定位（图 8–29）。

Expression of Chinese Calligraphy
Chinese Calligraphy, a form of abstract art, has a history as old and rich as the culture itself. In essence, one does not have to know Chinese to appreciate the beauty of this abstract art form. It is best to simply look at them for enjoyment and look beyond questions of theory, technique and literal meanings.
Tu Meng (AD618 – 905) of Tang Dynasty had developed 120 expressions to describe the different forms of calligraphy and establish criteria for them. These calligraphy expressions serve as a guide in conceptualizing the artwork selections and proposal.

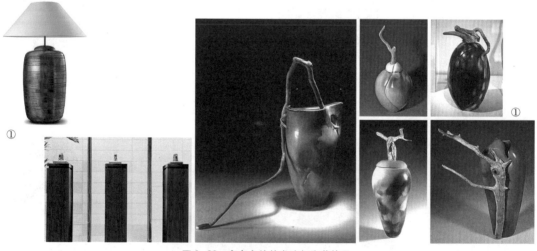

图 8–29　富有意韵的书法与陶艺饰品

绘画根据空间氛围和功能不同，分别配置了各具特色的水墨制品，主旋律抽象会意，绘制方式、风格、墨色各不相同，意趣无穷（图 8–30）。

与绘画作品相映成趣的是，选择了以人物为主的工艺雕塑，采用新的艺术表现形式，却呈现出传统神韵，似是而非，栩栩如生，十分唯美（图 8–31）。

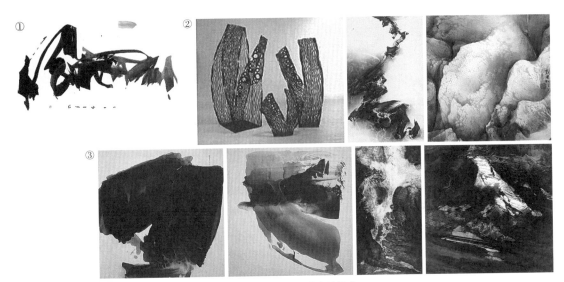

图 8-30　特色鲜明的水墨艺术

图 8-31　写意感极强的抽象雕塑饰品

除去常规的装饰素材，在该酒店陈设设计中还突破固有思维模式，选择了综合材料制作的装饰艺术品，效果十分显著，如将书法雕塑化的壁饰，将古人传统服饰装裱呈现，具有厚重的历史意境，这正是酒店设计之初衷（图 8-32）。

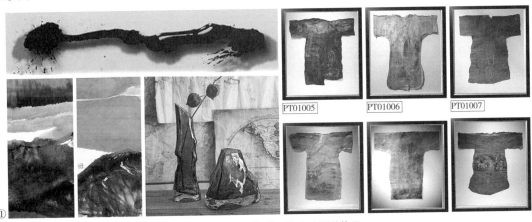

PT01005　　PT01006　　PT01007

图 8-32　创新的"服饰画"与水墨装饰品

其中灯具也十分精彩，中西合璧的鸟笼吊灯，拟人化的古代礼乐装饰台灯，轻盈禅意的落地灯等，都恰到好处地丰富了酒店照明环境和场所氛围（图8-33）。

图8-33　与主题氛围高度契合的灯饰

　　花器与植物素来都是空间中激活氛围的关键要素，本次设计选用返璞归真的石质粗糙工艺的花器，配以各式花艺，选配过程中考虑了多样化艺术效果，在统一的基调中展现花器与花艺的千姿百媚（图8-34）。

　　家具通常是陈设设计中的主力军，本次设计也不例外，不过与饰品挂画的个性彰显、丰富多彩不同的是，家具选配十分低调沉稳，如此一来反而使之与装饰要素相得益彰，十分和谐，沉稳且不失文化内涵的家具整体营造了厚重典雅的人文氛围（图8-35）。

8.2.4　室内家具设计与陈设选用

（1）概述

　　陈设设计，即软装饰设计，发展如火如荼，已经影响到行业的发展，家居设计与室内空间之间已被陈设设计更系统、有计划地联系在一起了，也有越来越多的专业人员加入到了陈设设计的行列。

　　陈设设计与家居设计的交集主要体现在家具的规划、家居风格的统筹、选样与搭配上，使原来无关的家具因为这样有计划地整合手段组合到一起，共同营造理想的室内氛围。

　　陈设选用的市场条件是家具多样化前提和受众越来越不满足于毫无个性可言的家具组合产品，渴求搭配所产生的丰富变化和艺术效果（图8-36）。

图 8-34　石制花器

图 8-35　酒店家具的整体格调

图 8-36 室内陈设创作示意

（2）陈设选用的方法和思路

首先，是对空间基本的功能需求进行梳理，形成功能组合；

其次，由功能组合转化为与之对应的家具组合；

第三，通过测量计算家具在空间中的尺度关系和尺寸控制；

第四，根据空间风格定位和氛围特点，确定陈设选用的品牌和主要风格款式；

第五，基于款式和尺寸，选定符合经济预算的备选产品，备选产品往往是多选项的；

第六，根据家具生产日期和安装方式最终落实、采购并于现场安装。

（3）陈设选用与家具设计的关系

两者互为依赖、共同推动。陈设选用是家具发展的风向标，家居设计是陈设选用的前提和基本条件，两者联动，极大地推动了行业进步，也大大提高了消费者的生活质量。

家具设计和生产需要参考陈设设计趋势，陈设选用家具的过程需要参考多方面信息，如家具功能特点、家具品牌、色彩、工艺、尺寸规格等（图 8-37）。

家居产品平面尺寸参考（以同类产品常规尺寸为依据）

区域	品名	规格（长*宽*高）	区域	品名	规格（长*宽*高）	区域	品名	规格（长*宽*高）
入户	玄关柜	1630×350×2500	主卧	双人床	2200×2000×1200	书房	书柜	4200×350×2500
客厅	三人沙发	3200×1000×1150		床头柜	550×500×600		书椅	750×650×1050
	单人沙发×2	900×950×1100		梳妆台	1350×500×750		书桌	160×750×750
	贵妃榻	1800×900×750		休闲单椅	650×600×1050		茶桌	600×600×420
	茶几×2	1200×1050×450		电视柜	1500×500×750	保姆房	单人床	900×1850×850
	角几	650×650×500	女儿房	双人床	1500×2000×1200		床头柜	450×400×550
	电视柜	2400×600×650		床头柜	500×450×530		吊柜	1500×350×600
	边柜	1200×550×950		书柜	1200×600×2000 600×400×2000			
	沙发凳×2	650×650×500		书椅	550×650×900			
	圆几	700×700×650		衣柜	2100×600×2200			
餐厅	酒柜×2	1200×450×2100	老人房	单人床	1500×2000×1200			
	餐桌	1900×950×750		床头柜	600×400×500			
	餐椅×6	500×500×1050		衣柜	1800×600×2000			
阳台	休闲圆桌	700×700×700		书桌	1050×600×700			
	休闲椅×2	860×900×1000		书椅	550×600×950			
	户外长椅	1500×800×950						

图 8-37 家具选配清单

在选择具体家具之前，需要对整体设计进行全面统筹，首先是细化和完善空间的平面布局，侧重于家具的布置；其次是预算资金的分配和把控；还要对最终的风格基调进行设定，如颜色把控（图 8–38）。

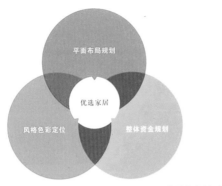

风格色彩定位

或甜美，或奢华
梦的颜色，家的颜色

图 8–38　方案整体规划与色彩控制

为达到理想效果，在同一件家具的选择上需要十分慎重，通常会进行多组合搭配测试，最终选出最佳方案（图 8–39）。

图 8–39　多项选择的家具组合方案

为避免缺漏，将最终选定的家具与具体的空间平面对应，一方面查漏补缺，同时也是对整体搭配效果的预估（图 8–40）。

专业的陈设计师为了便于客户理解和判断设计成果，会采用更为直观的方式提交设计成果，运用图形处理软件，如 Photoshop，将分散的独立家具和配饰拼装为整体场景，帮助客户评估。这种图纸成果通常称为情景图或围合图（图 8–41）。

客厅产品搭配方案

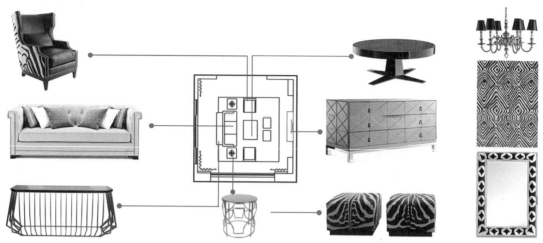

图 8-40　客厅主体家具选配方案

图 8-41　客厅情景模拟方案

（4）案例解析：济南鲁能领秀城样板房——黄志达设计师有限公司

陈设设计最为广泛地运用于住宅开发示范间（样板房），经过全面的市场调研和细致的分析，住宅开发机构对示范间的设计要求十分严苛，有明确的目标业主群，有量身定制的设计服务，无论空间格局、设计风格、装饰手法、文化元素等，都展示出最具代表性的审美品位。室内家具的选择如果没有如此明确的计划和目标作为引导，必然会使人在琳琅满目的供应市场中眼花缭乱，迷失方向。

因此，大到床体、沙发、柜体，小至花器、挂画、抱枕，都需要基于完整的家庭人物设定，才能使空间注入生活的气息，赋予空间生命。

通过对家庭氛围的全面营造，潜在的购房客户甚至能从空间中的一盏灯、一幅画、一件西服，体会到示范间中的"真实"生活场景,这种情景化设计手法极具感染力,对促进销售有很大帮助,我们可以称之为情景化设计。

所以陈设设计的要义是以设定的服务主体为对象展开的整体搭配和系统营造服务。

济南鲁能领秀城定位为以高层次知识阶层为目标群体进行设计,身为摄影师的男主人、自由撰稿人太太与热爱音乐的小男孩,构建了一个摄影、文学和音乐的文艺基调。设计团队在此基础上设定了围绕一家三口的幸福主题,向受众描绘了一幅恬淡、优雅、浪漫的生活写照(图8-42)。

首先呈现的是设计的基础条件:平面布局和基础装修(硬装)条件,并对其进行分析,以此为陈设设计展开的基础前提(图8-43)。

图8-42 项目分析与策划

在对设计风格和基调有了整体的控制策略后,具体的设计工作随之有序展开,墙漆、抱枕、窗帘、地毯等都在此统筹之下进行搭配,并整体呈现(图8-44)。

客厅设计简约中饱含艺术与时尚个性,家具沉稳的色彩搭配、点缀激烈图案的地毯、积极适度的雕塑摆件和装饰绘画使客厅端庄得体(图8-45)。

餐厅设计相较于客厅更为简练,但基于业主的特殊背景,依旧延续艺术浪漫的格调,尽管家具数量较少,依旧掩饰不住优雅唯美。为凸显餐具及墙面挂画的丰富华丽,色彩基调相对素雅(图8-46)。

可以说主卧室是衡量家居空间设计优劣的核心。然而本案主卧室设计一改常规的浓墨重彩,转而表现出与客厅高度呼应的雅致清晰,表里如一,不落俗套。使主卧氛围宽松恬静(图8-47)。

平面布置图 | 济南鲁能领秀城 A1 户型样板房
（设计面积：107 m²）

图 8-43　项目条件分析

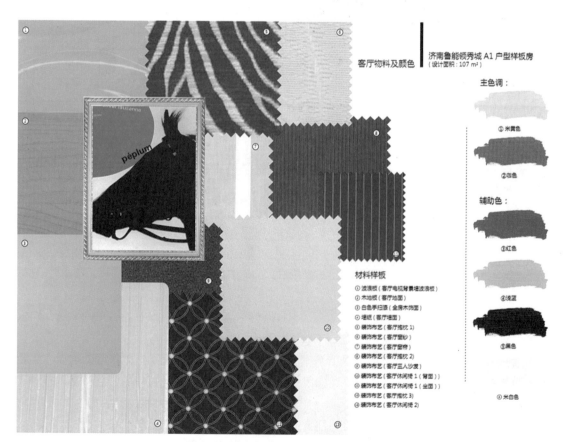

客厅物料及颜色 | 济南鲁能领秀城 A1 户型样板房
（设计面积：107 m²）

主色调：

①米黄色
②灰色

辅助色：

③红色
④浅蓝
⑤黑色

⑥米白色

材料样板

① 波浪板（客厅电视背景墙波浪板）
② 木地板（客厅地面）
③ 白色手扫漆（全房木饰面）
④ 墙纸（客厅墙面）
⑤ 装饰布艺（客厅抱枕 1）
⑥ 装饰布艺（客厅窗纱）
⑦ 装饰布艺（客厅窗帘）
⑧ 装饰布艺（客厅抱枕 2）
⑨ 装饰布艺（客厅三人沙发）
⑩ 装饰布艺（客厅休闲椅 1（背面））
⑪ 装饰布艺（客厅休闲椅 1（坐面））
⑫ 装饰布艺（客厅抱枕 3）
⑬ 装饰布艺（客厅休闲椅 2）

图 8-44　方案色彩及材质基调搭配与控制

图 8-45　客厅家具及饰品综合设计方案

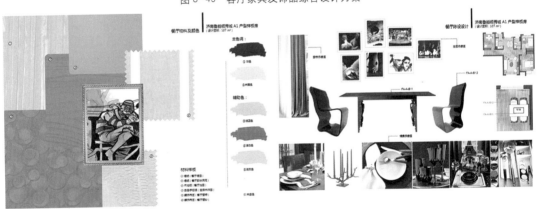

图 8-46　餐厅陈设方案

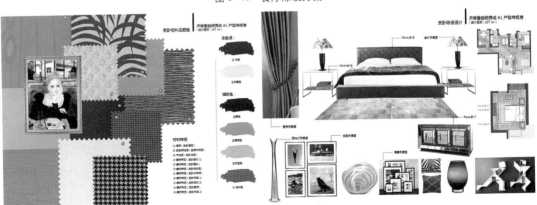

图 8-47　主卧家具及饰品综合设计方案

缘于父母的熏陶，小男孩对艺术尤其是音乐十分狂热，因此在设计中着重营造富有激情和感染力的艺术氛围，特别是挂画、抱枕和装饰品极富视觉冲击力，以满足小主人的审美需求（图8-48）。

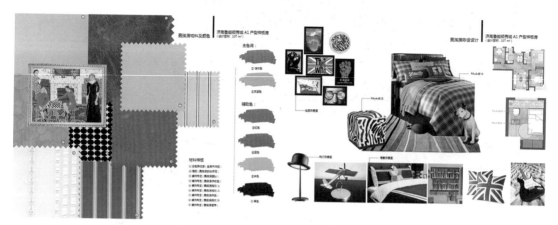

图 8-48　儿童房综合设计搭配方案

作业十　室内家具设计与陈设选用

作业标题：

指定室内空间中家具与陈设的设计与选用。

作业形式：

CAD 出图，A3 文本装订成册，需制作 PPT，以小组形式汇报。

作业要求：

1. 小组形式完成作业，组长分配工作；

2. 作业由教师与学生组成联合评委团打分并点评；

3. 家具尺寸、材料标识等详尽，符合制图规范。

图纸内容：

1. 封面、封底设计，封面注明标题、组员、指导教师、时间；

2. 目录表与设计说明。目录表分为图号、图名、图幅、备注四栏，备注栏中注明绘制者名字，目录表中需对所有图纸进行编号。设计说明要对功能、风格、材料、结构等表述详尽；

3. 家具布置图，按空间关系对各家具进行编号；

4. 各空间家具（非储存类）与陈设的选用。每个空间都需平面图，配置家具与陈设的彩色示意照片，并对照片进行注释；

5. 家具设计图纸（储存类）。按空间关系绘制家具。在该空间家具的第一张图纸的左上或右上角绘制该空间平面图，并注明家具。每个家具需要绘制平面（1个）、立面（2～3个）、剖面（1个），节点详图（2个）及彩色效果图（1个）。节点详图 1：1～1：10，其余图 1：10～1：20。

评分标准：

序号	标准	分项分值
	室内家具设计与陈设选用评分标准	
1	内容完整、制图规范	10
2	设计思路清晰、图纸表现准确	40
3	方案设计富有创意，符合功能性、人性化、艺术性等多元需求	20
4	设计成果美观，富有表现力	20
5	方案汇报完整流畅，层次分明，重点突出，讲解生动	10
	总计	100

小结评语：

通过本节学习，结合作业训练，使学生在家具设计的基础上更全面地理解和领会家具在空间中的协调与搭配，同时解决人在室内空间中的综合需求，帮助学生建立整体的设计与营造观，开启家具系统整合设计的能力。

参考文献

[1]鲍诗度，王淮梁，孙明华，等．城市家具系统设计[M]．北京：中国建筑工业出版，2000．

[2]王今琪，刘丹丹等．景观细部设计系列：室外家具小品[M]．北京：机械工业出版社，2012．

[3]（日）画报社编辑部编，唐建，等译．日本景观设计系列，2003．

[4]（日）画报社编辑部编，唐建，等译．街道家具．沈阳：辽宁科学技术出版社，2006．

[5]杨子葆．[空间景观·公共艺术]街道家具与城市美学[M]．台北：艺术家出版社，2005．

[6]王受之．世界现代设计史[M]．新世纪出版，2002．

[7]何镇强，张石红．中外历代家具风格[M]．郑州：河南科学技术出版社，1998．

[8]方海．20世纪西方家具设计演变[M]．北京：中国建筑工业出版社，2001．

[9]李宗山．中国家具史图说[M]．湖北美术出版社，2001．

[10]李旭，李旋，蒲江．室内陈设设计[M]．合肥：合肥工业大学出版社，2007．

[11]刘芳．室内陈设设计与实训[M]．长沙：中南大学出版社，2009．

[12]李岚．陈设设计[M]．北京：中国青年出版社，2007．

[13]戴勇，黄学坚．陈设（生活智慧）[M]．大连：大连理工大学出版社，2009．

[14]庄荣，吴叶红．家具与陈设[M]．上海：同济大学出版社，2005．

[15]刘昱初，程正渭．人体工程学与室内设计[M]．北京：中国电力出版社，2013.3

[16]刘峰．人体工程学设计与应用[M]．辽宁美术出版社，2007．

[17]张月．室内人体工程学（第二版）[M]．北京：中国建筑工业出版社，2005．

[18]章曲，谷林．人体工程学[M]．北京：北京理工大学出版社，2009．

[19]刘盛璜．人体工程学与室内设计[M]．北京：中国建筑工业出版社，2005．

[20]李文彬．建筑室内与家具设计人体工程学[M]．北京：中国林业出版社，2012．

[21]GB 10000—88，中国成年人人体尺寸[S]．

[22]GB/T 13547—92，工作空间人体尺寸[S]．

[23]GB/T 3975—1983，人体测量术语[S]．

[24]GB/T 5703—1984，人体测量方法[S]．

[25]GB/T 5703—1999，用于技术设计的人体测量基础项目[S]．

[26] GB/T 12985—91，在产品设计中应用人体尺寸百分位数的通则 [S].

[27] 刘忠传．木制品生产工艺学 [M]．北京：中国林业出版社，1993.

[28] 宋魁彦．现代家具生产工艺与设备 [M]．哈尔滨：黑龙江科技社，2001.

[29] 邓前阶等．家具与室内表面装潢技术 [M]．兰州：甘肃文化出版社，1999.

[30] 孙德彬．家具表面装饰工艺技术 [M]．北京：中国轻工业出版社，2009.

[31] 高阳，门琳，曾亚奴．中国传统家具装饰 [M]．天津：百花文艺出版社，2014.

[32] 唐开．家具装饰图案与风格 [M]．北京：中国建筑工业出版社，2014.

[33] 陶涛．家具制造工艺 [M]．北京：化学工业出版社，2011.

[34] 江功南．家具制作图及其工艺文件 [M]．北京：中国轻工业出版社，2011.

[35] 中国轻工业出版社．家具制图—中华人民共和国轻工行业标准 QB/T 1338—2012．北京：中国轻工业出版社，2012.

[36] 李克忠．家具与室内设计制图 [M]．北京：中国轻工业出版社，2013.

[37] 朱毅，杨永良．室内与家具设计制图 [M]．北京：科学出版社，2011.

[38] 叶翠仙．家具与室内设计制图与识图 [M]．北京：化学工业出版社，2014.

[39] 潘速圆．家具制图与木工识图 [M]．北京：高等教育出版社，2010.

[40] 上海家具研究所．家具设计手册 [M]．北京：中国轻工业出版社，2001.

[41] 李风崧．家具设计 [M]．北京：中国建筑工业出版社，1999.

[42] 彭亮．时尚家具设计制作 [M]．南昌：江西科学技术出版社，2001.

[43] 童慧明，徐岚．100 年 100 位家具设计师 [M]．广州：岭南美术出版社，2006.

[44] 唐开军，行焱．工业设计——家具设计 [M]．北京：中国轻工业出版社，2010.

[45] 吴智慧．室内与家具设计—家具设计 [M]．北京：主编中国林业出版社，2005.

[46] 胡名芙．世界经典家具设计 [M]．长沙：湖南大学出版社，2010.

[47] 牟跃．家具创意设计 [M]．北京：知识产权出版社，2012.

[48] 孙祥明，史意勤．创意设计丛书——家具创意设计 [M]．北京：化学工业出版社，2010.

[49] 韦自力．创意与创造——家具概念设计 [M]．南宁：广西美术出版社，2010.

[50] 钱芳兵，刘媛．家具设计 [M]．北京：水利水电出版社，2012.

[51] 朱瑞波．室内陈设与家具设计 [M]．北京：水利水电出版社，2012.

[52] 马掌法，黎明．家具设计与生产工艺 [M]．北京：水利水电出版社，2009.

[53] 张力．室内家具设计 [M]．北京：中国传媒大学出版社，2011.